U0611945

获得江汉大学学术著作丛书资助

获得江汉大学学科特色建设项目资助

地质多样性理论与旅游资源开发研究

——以大别山湖北地区为例

熊继红／著

中国社会科学出版社

图书在版编目(CIP)数据

地质多样性理论与开发旅游资源研究/熊继红著.—北京：中国社会科学出版社，2011.11

ISBN 978－7－5161－0323－4

Ⅰ.①地…　Ⅱ.①熊…　Ⅲ.①地质环境—关系—旅游资源开发—中国　Ⅳ.①P5②F592.3

中国版本图书馆CIP数据核字(2011)第237579号

责任编辑　李　是
责任校对　刘晓红
封面设计　柒吾视觉
技术编辑　李　建

出版发行　中国社会科学出版社　　出版人　赵剑英
社　　址　北京鼓楼西大街甲158号　　邮　编　100720
电　　话　010－64073835(编辑)　64058741(宣传)　64070619(网站)
　　　　　010－64030272(批发)　64046282(团购)　84029450(零售)
网　　址　http://www.csspw.cn(中文域名:中国社科网)
经　　销　新华书店
印　　刷　北京市大兴区新魏印刷厂　　装　订　廊坊市广阳区广增装订厂
版　　次　2011年11月第1版　　印　次　2011年11月第1次印刷
开　　本　710×1000　1/16
印　　张　14.5　　插　页　2
字　　数　218千字
定　　价　35.00元

前　言

地质多样性是一切以地壳组成物质和地质活动为主的地质基础在岩石圈、水圈、生物圈、大气圈以及人类活动的多样化的具体体现以及反映它们规律和相互作用关系的地域综合体。它决定了地球上的矿物多样性、岩石多样性、地貌多样性、景观多样性、土壤多样性、生物多样性和人类活动的多样性，是人类生存和发展的基础。地质多样性是人类的一种福利，人类在探索大自然的过程中逐渐认识到了地质多样性的重要性，因此，地质多样性的研究和保护已经成为世界各国普遍重视的一个问题。现在世界上有许多国家、地区和组织都投入了大量的人力、物力、资金、技术开展地质多样性的研究与保护工作。在国外，特别是澳大利亚、英国、美国等国对地质多样性研究的较多。它们不仅仅提出了地质多样性的概念；还对地质多样性的保护与监测、威胁与机遇、价值与功能、与生物多样性的关系、与可持续发展未来的关系等进行了探讨；特别是关于地质多样性在具体领域如溪流沉积、海岸坍塌、环境污染、旅游开发、化石开采、水土流失、遗迹保护、生物种类等方面的内容进行了大量的实证研究，为地质多样性资源的开发与保护奠定了一定的基础。但是在研究方法上却以定性分析为主。

中国对地质多样性的研究相对于国外却比较落后，目前尚处于起步阶段。据检索，目前仅有一篇硕士论文对“地质多样性”进行了简单阐述，还有几篇文章虽然提到过“地质多样性”这一概念，但没有对其进行专门研究。中国的土地面积广阔，地质多样性资源丰富。如何合理开发这些资源，关系国计民生。所以，必须对地质多样性进行全面、深入的研究，以实现社会、经济的可持续发展。

笔者在归纳总结大量的国内外有关地质多样性研究的文献资料的基础上，对地质多样性的相关理论进行全面、系统、定量的研究。另外，笔者在参加湖北省英山县旅游规划编制工作期间，开始关注和研究大别山地区的地质基础和地质构造，获得了大别山地质的第一手资料。所以本书最后以大别山湖北地区为例，对该区域的地质多样性的成因、定量评价、开发现状、保护对策等进行分析；希冀能为该地区科学发展提供一些借鉴。也希望本书能引起相关学者对地质多样性研究的关注和重视，有更多的人从事地质多样性研究，为中国乃至世界地质多样性资源的开发、保护尽自己之力。

本书在写作过程中，得到了中国地质大学资源学院李江风教授、魏俊浩教授的悉心指导；还得到了中国科学院测量与地球物理研究所吴胜军教授；中南财经大学何雄教授、曾德冬研究生；武汉市规划局交通规划设计研究院代义军工程师、杨明工程师；江汉大学卢晓兰老师等的帮助，本人在此深表感谢。

由于国内对地质多样性的研究才刚刚开始，再加上自身水平和能力所限，书中难免会有一些不足之处，请各位专家、同仁批评指正。

目　录

第一章

绪　论

第一节　选题的依据与意义

自工业革命以来，世界上许多国家和地区都把提高生产力、发展经济作为最主要的内容，而并未意识到应该对资源和生态环境进行保护。对资源的利用多是掠夺性的开发，不仅造成资源的浪费，而且还污染和破坏了生态环境，而资源与环境反过来又制约人类经济和社会的全面发展。因此，要实现经济和社会健康、持续、快速的发展，必须走可持续发展的道路。可持续发展不仅需要人们改变传统的思想观念，更需要用科学技术方法去指导实践。在笔者看来，可持续发展是一个涉及经济、社会、环境、资源等诸多领域的复杂的系统，地质多样性是它们共同的归宿点。

地质多样性是指一切以地壳组成物质和地质活动为主的地质基

础在岩石圈、水圈、生物圈、大气圈以及人类活动的多样化的具体体现以及反映它们规律和相互作用关系的地域综合体。它决定了地球上的矿物多样性、岩石多样性、地貌多样性、景观多样性、土壤多样性、生物多样性和人类活动的多样性，是人类生存和发展的基础。地质多样性是人类的一种福利，人类在探索大自然的过程中逐渐认识到了地质多样性的重要性，因此，地质多样性的研究和保护已经成为世界各国普遍重视的一个问题。现在世界上有许多国家、地区和组织都投入了大量的人力、物力、资金、技术开展地质多样性的研究与保护工作。欧洲的一些国家，特别是英国、澳大利亚、美国、新西兰、德国、意大利等国对地质多样性的研究比较多，他们不仅对地质多样性的概念、成因、特点、价值与功能等进行研究，还特别强调对地质多样性的保护与开发、实践应用等方面的研究工作，目前其研究范围已经涉及溪流沉积、海岸坍塌、环境污染、旅游开发、化石开采、水土流失、遗迹保护、生物种类等方面的内容。

中国对地质多样性的研究较少，落后于欧洲一些国家，目前尚处于起步阶段。据相关数据库检索，仅有一篇硕士论文对“地质多样性”进行了简单阐述和了解，还有几篇文章虽然提到过“地质多样性”这一概念，但没有对其进行专门研究。因此，本书对地质多样性进行全面、系统、专门的研究，力求能够填补中国地质多样性研究的空白；同时在地质多样性的理论基础、定量评价两个方面进行重点研究，以弥补国外研究的不足；并以大别山地区为例，进行实证研究，为大别山地区地质多样性资源开发、保护、发展提供一定的借鉴。

一　国外研究现状

地质多样性决定了地球上的矿物多样性、岩石多样性、地貌多样性、景观多样性、土壤多样性、生物多样性和人类活动的多样性，是人类生存和发展的基础。从对国外能够检索到的文献资料的分析来看，最早提出地质多样性这一概念的是在 20 世纪 90 年代中期关于澳洲的塔斯梅尼亚的文章(Sharples，1993；狄克森，1995；Kiernan，1996)，在后来的生物多样性大会上联合国的许多成员国家的学者很快就采用了地质多样性的概念。随后，地质多样性的概念开始广泛使用。

目前直接提及地质多样性并且对其进行专门研究的，有两部著作。一部是 H. & Larwood，J. G. 在 *English Nature*（2006）中，关于地质多样性专集研究："Natural Foundations：Geodiversity for People，Places and Nature（自然基础：关于人类、居住和自然的地质多样性）"〔1〕。另一部是 Murray Gray 所著的 *Geodiversity：Valuing and Conserving Abiotic Nature*〔2〕。

在 H. & Larwood，J. G. 所著的 English Nature（2006）专集中，全面阐述了地质多样性的概念以及相关概念、各主要组成要素、表现形式、地质多样性与可持续发展的关系、人类活动和自然过程对地质多样性各要素的影响、地质多样性的保护和监测的方法、地质多样性的发展机遇和存在的威胁，等等。并且以英国的地区作为案例进行实证分析，包括海滨、河流、采石场、土壤、化石等内容。在这些内容中作者对地质多样性的保护、监测和威胁这三方面的研究最为详细。关于地质多样性的保护他提到了很多方法：第一，在全国或全球范围内设置特殊的科学事物遗迹（SSSI）；第二，对这些遗迹开展地质保护评论；第三，建立国家自然保护区；第四，在全球和当地设立地质遗迹，从而进行保护；第五，在各地建立地质保护群；第六，在各地实施地质多样性保护行动计划；第七，为地质多样性开发与保护提供资金支持；第八，在保护区地域范围内开展可持续的旅游：第九，对地质遗迹的条件进行评定。关于地质多样性的监测，作者着重对土壤的监测从以下几个方面进行了一定的研究：（1）土壤的生物多样性；（2）如何对土壤的生物多样性进行监测；（3）建立国家土壤数据库；（4）采取当地地质行动计划；（5）对土壤进行监测。关于地质多样性受到破坏可能产生的威胁，作者从海岸保护和工程、河口的管理、采石场的恢复、农业和森林的土地管理、水土流失等方面通过典型案例进行具体的分析，提出了各自采用的

〔1〕 H. & Larwood，J. G. *Natural Foundations：Geodiversity for People，Places and Nature*，English Nature No. 8，2006.

〔2〕 Murray Gray，*Geodiversity：Valuing and Conserving Abiotic Nature*，John Wiley & Sons，Ltd，2004.

方法，为其他领域的地质多样性的管理提供了解决思路。这是目前全球对地质多样性做的最全面、最集中的研究。

Murray Gray 所著的 *Geodiversity*：*Valuing and Conserving Abiotic Nature* 的主要内容包括以下八个部分：第一部分，从多样性的世界、生物多样性等内容入手，阐述地质多样性的概念；第二部分，对地质多样性进行全面描述；第三部分，具体分析了地质多样性的功能和价值；第四部分，阐述了地质多样性所受到的威胁；第五部分，如何对地质多样性进行保护；第六部分，地质多样性的管理；第七部分，对地质多样性和生物多样性进行对比和联系；第八部分，对地质多样性保护的发展趋势和展望。在这八部分内容中，该书重点阐述了地质多样性的价值和保护两个方面的内容，并列举了大量的实例进行了具体的分析。作者提出地质多样性有六大价值：内在价值、文化价值、审美价值、经济价值、功能价值、科研和教育价值。关于地质多样性的保护分析，他还列举了美国、加拿大、英国、爱尔兰、澳大利亚、新西兰、欧洲其他地区等区域的保护方法和实例，并使用大量的图表，详细地说明了以上各地区具体的保护地质多样性的方法。

除以上两部著作之外，还有一些专著与论文直接提及地质多样性的概念，并对其各表现形式如土壤、河流、海岸、地质、矿物、环境污染、生物多样性等都有一定的研究。

例如，Malcolm D. Newson and Andrew R. G. 在 *Earth Surface Processes and Landforms* (2006)中[1]，对河流的恢复和地球生物形态的质量进行了具体的研究。该文章中提出地质多样性是通过水体生物形态而影响其他地区的生物多样性，并且对地质多样性的定义进行了一定的讨论，讨论的核心内容是地质多样性是否等同于生物多样性，最后文章还引用了 Gray(2004)对地质多样性的定义：地质多样性给地球科学一个联合框架，让我们考虑到岩石、矿物、沉积物、化石、地形、土壤、自然过程在全球中的珍贵价值和作用，并

〔1〕 Malcolm. D. Newson and Andrew R. G.. *Large*, *Natural river*, *hydromorphological quality and river restoration*: *a challenging new agends for applied fluvial geomorphology*. Earth Surface Processes and Landforms 31, 1606—1624(2006).

且需要得到保护。

Winfred Musila etc. 在 *African Biodiversity* 中对地质多样性和生物多样性的关联作了一定的研究，并进行了土壤和树种之间相关关系的实证研究[1]。文章选取了非洲西部的雨林作为研究对象，通过对该地区的调查，发现树种在小范围内影响了土壤的特性。最后研究结果显示被观测的土壤组合方式是由地质过程以及植被形成过程共同影响作用的结果。因此，该实验充分说明地质多样性和生物多样性之间有紧密的联系。

同样，Judith L. etc. 在 *Plant Soil*(2006)中也对土壤、植被及生物多样性的相互关系进行了研究[2]，提出了建立在科学基础之上的生态系统管理策略，对生物多样性进行保护。

M. EI Wartiti etc. 在 *Environ GeolDOL* 中对地质遗迹和地质旅游的关系进行了分析与探讨[3]。他们认为，地质遗迹特别是岩石和动植物化石是研究地球历史时刻的关键依据，这样的地质遗迹在对公众的环境教育方面具有重要的作用，同时它也可以作为可持续发展和地质遗迹保护的工具，因此，有许多地质遗迹都被人们进行了有效的开发，成为旅游目的地。地质遗产遗迹的开发为当地经济的发展注入了活力。在文章中他们还列出了地质遗迹选择的标准：科学价值、地质旅游者吸引力、教育价值、遗产价值、文化精神和社会价值、在全球的意义、同生物多样性的联系、为珍稀或濒危物种设置的禁猎区、审美价值、交通可达性等。他们认为，地质是我们社会和历史文化的一部分，而地质多样性又容易受到大的自然灾难或人类对其自身环境的破坏和干扰等，因此对地质多样性进行保护就很重要。而地质特征的保护又是世界自然遗产和地质保护的重要

---

〔1〕 Winfred Musila etc. , *Is Geodiversity Correlated to Biodiversity? A Case Study of The Relationship Between Spatial Heterogeneity of Soil Resources and Tree Diversity in a Western Kenyan Rainforest*, B. A. Huber et al. (eds), African Biodiversity, 405－414.

〔2〕 Judith L. etc. "Enhanced Soil and Leaf Nutrient Status of a Western Australian Banksia Woodland Community Invaded by Whrharta Calycina and Pelargonium Capitatum", *Plant Soil* (2006) 284: 253－264.

〔3〕 M. EI Wartiti etc. , "Geosites Inventory of The Northwestern Tabular Middle Atlas of Morocco", *Environ GeolDOL* 10. 1007/S.

组成部分。文章通过对 ATLAS 中部地区的地质、湖泊、火山等景观的分析，为当地地质旅游的开发和研究提供了依据。

R. Bartley 和 I. Rutherfurd 在 *River Res. Applic* 中，发表了一篇关于对溪流地质多样性监测的文章[1]。最后他们把溪流的地质多样性监测应用到解决溪流沉积物治理方面来，这也是理论联系实践的最好案例。在文中他们提到过地质多样性、生物多样性、物理多样性、栖息地多样性等概念，并且阐述了它们之间的相互影响及相互作用关系。

R. D. Schuiling 在*Journal of Geochemical Exploration* 中，发表了论文"Geochemical Engineering：Taking Stock"[2]。这篇文章主要介绍了影响地质多样性的地质化学工程，一种用来解决环境问题的方法。而所有的环境污染都来源于污染物的分解、集中、下渗、孤立及移动等过程，要消除环境污染或对环境进行有效管理，必须阻止污染物进入可移动状态如河流等，它将影响到整个生物圈。地质化学工程首先必须与地质环境的自然净化系统结合起来，必须对环境进行很好的理解。地质化学工程目前在发达国家应用较多，特别集中在环境问题方面。但是，一些事实证明，环境问题更多的是间接的影响。地质化学工程依其范围大小可以分为矿物、场所、区域和全球的四种规模。因此，这是一篇关于地质多样性在环境方面的应用研究，具有相当重要的意义。

Alessandro chelli，Giuseppe Mandrone，Giovanni Truffelli 等人在 *Landslides* 上发表了论文"Field Investigations and Monitoring as Tools for Modelling the Rossena Castle Landslide(Northern Appennones，Italy)"[3]。该论文主要是关于对意大利亚平宁半岛北部的 Rossena 海岸坍塌进行测量和野外调查。该调查的原因是一次海

---

〔1〕 R. Bartley and I. Rutherfurd，"Measuring the Reach-Scale Geomorphic Diversity of Streams：Application to a Stream Disturbed by a Sediment Slug"，*River Res. Applic.* 21：39—59(2005).

〔2〕 R. D. Schuiling，Geochemical Engineering："Taking Stock"，*Journal of Geochemical Exploration* 62，(1998)1—28.

〔3〕 Alessandro chelli，Giuseppe Mandrone，Giovanni Truffelli，"*Field Investigations and Monitoring as Tools for Modelling the Rossena Castle Landslide*(*Northern Appennones*，*Italy*)"，*Landslides*(2006)3：252—259.

岸坍塌淹没了道路、山村和田野，但位于峭壁的城堡却幸免于危险。此研究的主要目的是获得坍塌体的地质结构，为未来的规划提供依据。在文中，虽然没有直接提及地质多样性，但是对亚平宁北部的地质和地球生物形态特征进行了详细的描述，可以看到地质对海岸坍塌的影响作用。

Ana Maria Zavattieri，Ulrich Rosenfeld，Wolfgang Volkheimer等在*Journal of South American Earth Sciences* 25（2008）中，发表了关于沉积物的环境分析一文，名为"Palynofacies Analysis and Sedimentary Environment of Early Jurassic Coastal Sediments at the Southern Border of the Neuquen Basin，Argentina"〔1〕。该文通过分析海岸沉积物的环境，揭示了复杂的地质多样性是如何在近海生态系统中为生物多样性提供有利的条件。它是地质多样性和生物多样性联系的典型实证分析，有很强的现实和指导意义。

二　国内研究现状

目前中国国内直接提到地质多样性的概念，并对其进行专门研究的，据检索只有一篇硕士论文，题目为《地质公园建设中地质多样性保护与协调性利用研究》(张晶)〔2〕。在该论文中，作者对地质多样性的概念、形成、价值与旅游活动的关系等方面进行了初步的阐述和分析，最后分析了地质公园建设中地质遗迹敏感性问题，并以湖北崇阳百泉地质公园为例对其敏感性进行了实证分析，最后着重探讨了地质公园中对地质多样性的保护与开发的问题，并提出相应的对策及开发模式。该文的重点乃是关于地质公园的开发、管理等方面。

王光美等人在*Biodivers Conserv*上发表了题为《迅速成长的大都市的生物多样性的保护——以北京市的植物多样性为例》的文章〔3〕。

---

〔1〕 Ana Maria Zavattieri，Ulrich Rosenfeld，Wolfgang Volkheimer，"Palynofacies Analysis and Sedimentary Environment of Early Jurassic Coastal Sediments at the Southern Border of the Neuquen Basin，Argentina"，*Journal of South American Earth Sciences* 25 (2008)227－245.

〔2〕 张晶：《地质公园建设中地质多样性保护与协调性利用研究》，中国地质大学硕士学位论文，2007年。

〔3〕 王光美等：《迅速成长的大都市的生物多样性的保护——以北京市的植物多样性为例》，Biodivers Conserv，2007年5月。

在这篇文章中提到，由于北京的地质多样性，决定了它的相当丰富的植物多样性。作者把北京划分为三大区域，研究三个区域内生物多样性所受到的不同的威胁，最后提出了生物多样性的保护策略。

俞筱押、李玉辉、马遵平等人在《山地学报》中发表了《云南石林喀斯特小生境木本植物多样性特征》一文[1]。该论文主要阐述了由于地质多样性，决定了地貌类型的多样性，从而导致了小生境多样性，最后形成了生物多样性。喀斯特地貌具有一定的美学观赏价值，容易成为特殊的保护地，该论文选择云南石林地质公园进行喀斯特小生境和生物多样性关系研究，以探讨喀斯特地质遗迹保护在生物多样性保护恢复方面的作用。最后得出地质多样性与生物多样性有一定的联系，对喀斯特生态系统而言，溶痕的多样性带来小生境的多样性，其在喀斯特生态系统退化过程中对繁殖体的保护作用不同。

赵鹏大、张寿庭、陈建平等在《成都理工大学学报》上发表了《危机矿山可接替资源预测评价若干问题探讨》一文[2]。该文针对危机矿山，提出了"三联式"矿产预测评价理论研究与方法实践，其关键问题在于：新型的、隐性的和深层次的致矿地质异常信息的有效提取，以及地质多样性与成矿多样性的有机关联分析。特别是在成矿多样性与危机矿山可接替资源预测评价中，需要加强对地质多样性的深化研究。文章在此基础上系统总结成矿多样性特征，指导新类型包括"地区性的新类型"，矿床和矿产的预测评价。

张寿庭、赵鹏大、夏庆霖、孙华山、李满根等在《地学前缘》上发表了《区域多目标矿产预测评价理论与实践探讨——以滇西北喜马拉雅期富碱斑岩相关矿产为例》[3]一文。该论文认为，在区域多目标矿产预测评价中，关键问题是致矿地质异常解析，成矿多样性及其与地质多样性的关联分析，成矿谱系建立以及多目标矿产(矿床)定量预测评价模型研究。该文通过成矿多样性定量表征来评价区域

〔1〕 俞筱押等：《云南石林喀斯特小生境木本植物多样性特征》，《山地学报》2007年第7期。

〔2〕 赵鹏大、张寿庭、陈建平：《危机矿山可接替资源预测评价若干问题探讨》，《成都理工大学学报》(自然科学版)2004年第2期。

〔3〕 张寿庭、赵鹏大、夏庆霖、孙华山、李满根：《区域多目标矿产预测评价理论与实践探讨——以滇西北喜马拉雅期富碱斑岩相关矿产为例》，《地学前缘》2007年第5期。

成矿多样性的程度；还探讨了成矿多样性与地质复杂度与地质变异度的关系，并绘制出关系图。

王嘉学、彭秀芬、杨世瑜等在《云南师范大学学报》上发表了《三江并流世界自然遗产地旅游资源及其环境脆弱性分析》一文〔1〕。该文的主要内容："三江并流"世界自然遗产地集地质多样性、生物多样性、景观多样性和文化多样性为一体，拥有全球唯一的大河并流奇观、举世罕见的峡谷群、多处地质遗迹、壮美神奇的高山丹霞及喀斯特景观、全球最为壮观的雪山群和低纬冰川、秀丽神妙的高山湖群以及多样性的民族文化和民族风情等优势旅游资源，但同时地质灾害频发、全球气候变化反应敏感、生态环境带幅窄且稳定性差，又属于中国最为贫困的地区，旅游资源环境十分脆弱。合理利用遗产旅游资源，必须有科学研究为支撑，法律法规为依托，科学管理为手段，旅游规划为指针，以生态旅游和科考科普旅游等低耗损产品为主打，以极高的遗产保护意识为动力，旅游资源开发与遗产保护、旅游扶贫相结合，多方齐动，推动"三江并流"世界自然遗产地旅游可持续发展。

三　存在的问题

从中国对地质多样性的研究现状看：

第一，目前只是处于起步阶段。

第二，直接研究的内容也相对来说比较简单，而关于地质多样性各要素之间的规律和联系、地质多样性的内容体系、地质多样性的理论体系、地质多样性的评价方法、地质多样性的保护与监测等内容都还没有研究。

第三，关于间接研究的各领域要向定量方向发展，要和地质的基础研究联系起来。

国外对地质多样性的研究：

第一，从数量来看，国外关于地质多样性的研究较多。

第二，从内容来看，侧重于地质多样性应用领域的研究，例如

〔1〕 王嘉学、彭秀芬、杨世瑜：《三江并流世界自然遗产地旅游资源及其环境脆弱性分析》，《云南师范大学学报》2005 年第 2 期。

在溪流沉积、海岸坍塌、环境污染、旅游开发、生物种类等方面的应用。一般都是通过具体的实证研究来分析与地质多样性的相关关系，或地质多样性对研究内容所产生的作用及影响。缺乏对地质多样性理论、内容体系、技术方法、定量评价等方面的系统研究。

四　发展趋势

第一，随着人类对大自然的不断探索，人们对大自然的了解和认识也逐渐得到提高，逐渐认识到资源的有限性、环境的宝贵性和人类活动的规律性等，坚持可持续发展的观点才能使社会、经济、生态环境得到永久发展。而地质可以说是一切事物及人类活动的基础，只有充分认识这一基础的重要性，并进行不断的研究，才能更好地掌握利用自然的主动权，向自然界获取人类较多的需要，提高人类的生活水平，同时不影响地球的基础。

第二，目前各学科都在向交叉学科、边缘学科等领域逐渐发展，这已成为学科发展的时代潮流，而地质多样性是涉及面最广，达到四大圈层系统的范围，所以它的交叉学科及边缘学科也最多、最广。随着各学科领域向交叉学科、边缘学科发展，地质多样性势必是最先发展的学科。

第三，随着地质学的不断发展，其研究领域也在不断扩展，也势必会涉及地质多样性的研究内容。

因此不难看出，地质多样性的研究必定会越来越得到人们的重视，并获得发展。

第二节　研究内容及创新点

一　研究内容

(1)通过对国外地质多样性基本概念、性质、特征、构成等理论与实践经验的总结与分析，全面、系统地建立起地质多样性概述体系，包括概念、形成、表现形式、价值与功能等内容。

(2)根据地质多样性的成因及各因素之间的联系，深入总结分析地质多样性所依托的基础理论体系。本书把地质多样性的基本理论分为形成与分布的理论、开发与管理的理论两大部分。其中第一部分包括地质环境理论、地质作用理论、地质运动理论、地域分异理论；第二部分包括生态平衡理论、PRED协调理论、可持续发展理论、系统科学理论、空间结构理论等，为地质多样性后续深入研究奠定理论基础。

(3)国外对地质多样性的研究主要以定性分析、实证分析为主，较少定量的研究，因此，本书旨在建立地质多样性科学的评价体系。这个体系既包括了对地质多样性各要素的单体评价，还建立了地质多样性综合评价的指标体系和方法，欲使地质多样性的研究由定性向定量方法转化。

(4)由于地质多样性涉及的领域宽广，应用性强；另外，地质多样性资源开发对人类环境产生一系列的影响；所以如何对地质多样性资源进行合理开发与保护，也是一个重要研究内容。本文在地质多样性概述、评价的基础上，综合提出了地质多样性资源开发与保护的对策和措施。

(5)最后以大别山湖北地区为例，对该区域的地质多样性的成因、研究意义、表现形式、资源的定量评价等进行分析；并联系大别山地质多样性资源开发的实际情况，提出了合理开发大别山地质多样性资源的对策；最后以大别山的湖北英山县旅游资源开发为具体实例，进行了旅游资源、市场、产品、保护等方面的专题研究，为区域地质多样性资源的综合评价、合理开发、科学保护提供一个范例。

二　创新点

(1)地质是一切事物及人类活动的基础，地质多样性是实现人口、资源与环境相互协调发展的物质基础。本书是关于地质多样性的研究，国内这一领域的研究基本上还是空白。国外在这一领域虽然有一定的研究，特别是关于地质多样性的开发、保护、应用方面的研究比较突出，而对地质多样性做系统、全面的研究却很少，所以具有前沿性。

(2)地质多样性最基本的影响因素是地质，但其表现形式却是多方面，包括化学元素、矿物、岩石、地貌、景观、土壤、生物、人类活动，等等，因此除了与地质学有关以外，还与生物学、地理学、行为学、环境生态学、旅游学、管理学等学科有关，从学科的属性来看是典型的交叉学科。因此，综合运用相关学科的研究方法，系统地对地质多样性的概念、成因、构成、基本理论、定量评价、开发与保护等进行研究，将又是一个创新。在这些内容当中，对基本理论和定量评价进行了详细的论述，是本书的重点。

(3)地质多样性构成要素复杂，包括以上提过的很多相关内容，所以它的应用性特别强。本书以大别山湖北地区为例，对其地质多样性资源进行具体的定量评价；同时结合该区地质多样性资源的开发现状及存在的问题，提出了相应的地质多样性资源开发对策和发展措施，为大别山地区资源利用、环境保护、经济发展提供可持续发展的思路，有很强的社会意义。

第二章

地质多样性概述

第一节　地质多样性的概念

苏格兰在19世纪初期，由于采石场的开发已严重影响了城市的风景，当地政府采取了一系列行动阻止该情况的进一步恶化。德国于1836年建立了全球第一个“地质自然保护区”。美国也在1872年建立了“黄石国家公园地质自然保护区”，以保护该区域美丽的风景和地质奇观。之后很多国家都仿效这种做法，建立了保护区域，对各种地质和风景资源进行保护[1]。尽管开展地质和地球生物形态的保护已有很长的历史，在近期也有许多关于地质保护的国际会议的

〔1〕 Murray Gray, *Geodiversity: Valuing and Conserving Abiotic Nature*, John Wiley & Sons, Ltd, 2004.

召开和著作的出版，但长期以来仍被人们所疏忽，大部分国家对地质多样性保护的研究远远落后于对生物多样性保护的研究。许多国际自然保护组织仍然使用“自然保护”或“野生生物保护”等术语。一直到 1990 年一些地质学家和地球生物形态学家受生物多样性概念的启发而提出“地质多样性(Geodiversity)”这个术语，用它来描述自然生态的种类。

1980 年在澳大利亚的塔斯梅尼亚由 Kevin Kiernan 社团提到了“风景多样性”和“地质形态多样性”术语。也是在塔斯梅尼亚，夏普斯(Sharples)(1993)把地质多样性概括为“地球特征和系统的多样性”；在 1995 年他又把地质多样性定义为：地质多样性为地质、地貌和土壤这些要素及其规律和作用的范围的集合。紧接着沃尔夫冈·埃德尔(Wolfgan Eder)在 1999 年把地质多样性定义为：形成的各种各样岩石、化石、矿物、土壤、地形，及决定自然过程的地质基础，它决定了生存地的景观和环境[1]。而狄克斯(Dixon)(1996a)、埃伯哈德(Eberhard)(1997)、夏普斯(Sharples)(2002a)、澳大利亚遗产委员会(2002)把地质多样性定义为：地质(岩床)、地球生物形态(地形)、土壤特征、聚集体、系统、过程的多样性。斯坦利(Stanley)(2001)中认为：地质多样性是联系人口、风景和文化的桥梁，它包括为地球上的生命提供风景、岩石、矿物、化石、土壤等的地质环境、现象和过程的多样性。随后他在 2002 年提出：生物多样性是地质多样性的一部分。而格瑞(Gray)在 2004 年中却认为：地质多样性是由多样化的岩石、化石、矿产、自然过程和地形、环境、地貌、土壤等多种元素组合而成的。这些元素之间既紧密联系在一起，又相互独立。拉伍德(Larwood)在 2006 年却提出：地质多样性是自然范围内地质的(岩石、矿产和化石)、地理的(地形和自然过程)以及土壤的特征，以及这些因素之间的集合、关系、性质、相互作用所构成的一个系统[2]。

---

[1] Wolfgan Eder, “Unesco Geoparks－A New Initiative for Protection and Sustainable Development of the Earth's Heritage”, n. Jb. *Geol. Paliont. Abb.* Nov. 1999. 214(1/2): 353－358.

[2] H. & Larwood, J. G. “Natural Foundations: Geodiversity for People, Places and Nature”, *English Nature* 2006.

从以上对地质多样性的定义的发展过程来看，不同的学者对它的理解侧重点不一样，其定义也各不相同。但无论哪种定义，我们可以总结出共同的规律：第一，地质多样性是由地质、地貌、土壤、岩石、化石等要素组成的；第二，它还包括这些要素之间的规律和相互作用等相关关系。

通过以上的分析，笔者认为地质多样性可以定义为：地质多样性是由一切以地壳组成物质和地质活动为主的地质基础在岩石圈、水圈、生物圈、大气圈以及人类活动的多样化的具体体现以及反映它们规律和相互作用关系的地域综合体。它决定了地球上的化学元素、矿物、岩石、地貌、土壤、生物、景观和人类活动的多样性，是人类生存和发展的基础。

第二节　地质多样性的内容体系

从相关定义可以看出，地质多样性的形成主要取决于地壳组成物质和地质活动为主的地质基础。地壳组成物质主要由各种化学元素以及化学元素在一定地质环境中形成的多种矿物组成。矿物在各种地质作用下形成多种岩石，主要包括岩浆岩、沉积岩和变质岩三大类。岩石又由于地质运动形成不同的地质构造，表现为地貌的多样性。表层岩石在各种成土因素共同的作用下形成各种不同的土壤。在土壤和地理位置共同的作用下形成了生物多样性，从而最终导致景观多样性和人类活动的多样性。

由于地质学研究的主要对象是岩石圈，所以，发生在岩石圈的化学元素、矿物、岩石的多样性构成地质多样性的内在基础；而地貌、土壤、生物、人类活动、景观的多样性是不同的化学元素、矿物、岩石经过不同的地质作用而产生的，其主要发生在岩石圈的表层、水圈、生物圈、大气圈，因此构成地质多样性的外在表现形式。具体情况见图 2-1。

现在按照以上的分类，依次对其内容体系进行简要介绍。

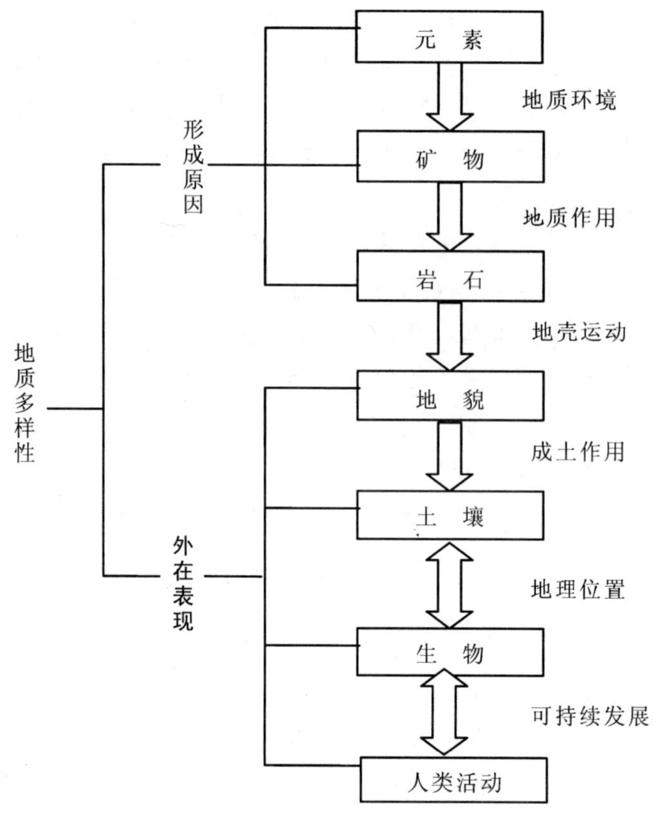

图 2-1　地质多样性内容体系框架

Fig 2-1　The frame map of the Geodiversity's content system

一　化学元素多样性

化学元素是组成地壳的物质基础。根据“地球化学”分析，在地壳中已经发现九十余种相对平均含量是极不均匀的元素。含量最多的是氧和硅，占地壳总重量的约 74%，另外铝、铁、钙、钠、钾和镁六种元素共约占 24%强，其余几十种元素的总和则不足 2%。在这些微量元素中，其含量也十分悬殊，有些还是超微量的〔1〕。就是同一种元素，在地壳中的不同区域和不同深度上分布也是不均匀的。

元素的丰度在一定程度上支配元素的地球化学行为。丰度较高

〔1〕 杨伦、刘少峰、王家生编著：《普通地质学简明教程》，中国地质大学出版社 1998 年版，第 34 页。

的元素在地壳中容易形成各种独立的矿物体，而丰度较低的则难以达到饱和浓度，不能形成自己独立的矿体，总是呈分散状态存在于其他元素组成的矿物中。另外，元素的富集与分散除受丰度影响外，更取决于原子的最外层构造及其地球化学特性等〔1〕。

二　矿物多样性

矿物是由化学元素在一定的地质环境中形成的具有一定的化学成分和理化性质的化合物和单质〔2〕。它是构成岩石或地壳的基本单元，也是人类生产、生活资料的重要来源之一。矿物具有相对固定的化学组成和内部结构，因而呈现出规则的形态和特定的物理、化学性质。当矿物的物理化学条件发生变化时，其成分和内部结构也会发生相应的变化。

根据化学成分的不同，矿物可分为自然元素、硫化物、氧化物及氢氧化物、卤化物、含氧盐、有机化合物六大类型〔3〕。其中硅酸盐类、含氧盐类、剩余的类(包括氧化物和氢氧化物、硫化物及硫酸盐类、卤化物类和自然元素等)各占 1/3。可见，硅酸盐类和自由硅氧是构成地壳的主要造岩矿物，决定了岩石的性质。自然界的矿物很多，目前已经发现的有 3000 多种，绝大多数是晶质矿物，而内部原子排列无序的非晶质矿物不过 20 种〔4〕。

三　岩石多样性

岩石是地质作用形成的具有一定产状的地质体，主要由造岩矿物按一定的结构和构造集合而成。它是地壳历史的记录，是形成地貌和地质构造的物质基础，还是各种矿产资源的主要产地，因此研究岩石具有很重要的意义。岩石的结构和构造是识别其不同种类的

〔1〕 潘树荣、伍光和、陈传康等：《自然地理学》，高等教育出版社 1985 年第 2 版，第 30 页。

〔2〕 同上。

〔3〕 Wolfgan Eder, "Unesco Geoparks－A New Initiative for Protection and Sustainable Development of the Earth's Heritage", *n. Jb.* Geol. Paliont. Abb. *Nov.* 1999. 214(1/2)：353～358.

〔4〕 潘树荣、伍光和、陈传康等：《自然地理学》，高等教育出版社 1985 年第 2 版，第 30 页。

重要特征。根据其成因，可以分为岩浆岩、沉积岩和变质岩三大类。

岩浆岩是由岩浆在地下结晶或喷出地表凝固而成的岩石。它是来自上地幔软流层及地壳局部地段的一种成分复杂的高温熔融态物质，主要成分为硅酸盐以及部分金属硫化物、氧化物和挥发性物质[1]。不同成分的岩浆冷凝后可形成不同的岩浆岩，同样成分的岩浆在不同的条件下冷凝也会形成不同的岩浆岩。因此岩浆岩分布非常广泛。组成岩浆岩的主要元素有氧、硅、铝、铁、镁、钙、钾、钠八种元素；组成岩浆岩的主要矿物有：石英、正长石、斜长石、黑云母、角闪石、辉石和橄榄石等。根据其化学成分和矿物组成，分为超基性岩、基性岩、中性岩和酸性岩，其中二氧化硅的含量逐渐增多。根据岩体在地壳中形成的深度和方式，可分为喷出岩体和侵入岩体，侵入岩体又可再分为深成岩体和浅成岩体。

沉积岩是在地表或接近地表的环境下，由各种外动力地质作用形成的沉积物经过固结成岩作用而形成的岩石。沉积岩在陆地表面分布最广，但在地表往下沉积岩所占比例逐渐减小。沉积岩具有明显的层理构造特征，同时常含有生物化石以及丰富的矿产资源，如煤、石油、铁、锰、铝、磷和盐类等。沉积岩按其成因、物质组成和结构等特征，可分为三类，碎屑岩类、黏土岩类、生物化学岩类。

变质岩是地壳中原有的岩石经过构造运动、岩浆活动、地壳内热流变化等内动力的影响，其矿物的成分、结构、构造发生不同程度的变化而形成的岩石。变质作用是其根本成因。变质岩主要分布于大陆地区。根据变质作用的类型，可分为动力、接触(热力)、交代(热液)、区域(动力)以及超变质岩五大类[2]。

三大岩类构成了地壳和岩石圈。若按重量计算，沉积岩仅占地壳重量的5%，变质岩占6%，岩浆岩占89%；若按分布来看，岩浆岩主要分布于岩石圈的深处，沉积岩分布于岩石圈最外层厚度不均的不连续分布，变质岩则分布于地下较深处构造活动和岩浆活动带的周围；若按照分布面积来看，沉积岩占陆地面积的75%，变质岩

[1] 杨伦、刘少峰、王家生编著：《普通地质学简明教程》，中国地质大学出版社1998年版，第36页。

[2] 同上。

和岩浆岩总共占25%[1]。

四 地貌多样性

地貌是指地球表面形态，即地形。地表形态是多种多样且有不同级别之分的。最高一级的是大陆和海洋盆地；次一级的是山地、高原、平原、丘陵、盆地五种；再次一级的就是分水岭、河谷、峰林等小型地貌单元。高一级的地貌单元是由低一级的地貌单元组合而成的。

地貌是在岩石的基础上经过地貌营力作用而形成的。因此，首先不同的岩性与地质构造会形成不同的地貌；其次，不同的地貌营力作用会形成不同的地貌。地貌营力分为内力与外力两种。内力是地球内部能量所产生的作用力，主要表现为地壳运动、岩浆活动和地震；外力是地球表面受大气、水、生物等作用所产生的力，其能量来源于太阳能，主要表现为风化作用、流水作用、冰川作用、风的作用、波浪作用等。另外重力作用也是地貌发育的原因之一。地球表面的地貌形态是受内外力综合作用的结果，有时以内力作用为主，有时又以外力作用为主。内力为主形成大的山系和盆地，使地形高差起伏增大；而外力作用则不断地对地表进行侵蚀、搬运和沉积，填平低地、夷平高地，使地形高差逐渐减少。主要地貌类型详见表2-1。

表2-1 主要地貌类型表

Table 2-1 Major configuration of the earth's surface types

地貌分类	基本类型
流水地貌	冲沟、河谷、河床、河漫滩、边滩、三角洲、洪积扇、河流阶地、准平原、山麓面等
岩溶地貌	石芽、溶沟、岩溶漏斗、落水洞、溶蚀洼地、岩溶盆地、岩溶平原、峰丛、峰林、溶洞、地下河等
冰川与冻土地貌	冰斗、冰川谷、羊背石、冰碛丘陵、侧碛堤、终碛堤、石海、石河、构造土、冰丘、冰锥、热融地貌、融冻泥流地貌等
风沙与黄土地貌	风蚀柱、风蚀谷、风蚀残丘、风蚀洼地、雅丹、新月形沙丘、纵向沙垄、黄土沟谷地貌、黄土沟间地貌等

[1] 叶俊林、黄定华、张俊霞编：《地质学概论》，地质出版社1996年版，第18页。

五　土壤多样性

土壤是地球在演化过程中与有关圈层相互作用的产物。俄国土壤学奠基人 B. B. 道库恰耶夫认为土壤是自然界中的成土母岩、地貌、生物、气候、时间等因素共同作用的产物[1]。

因此，土壤多样性是由成土母岩的多样性、地貌的多样性、生物的多样性、气候的多样性以及不同时间背景等要素综合作用的结果。

土壤目前在国际上还没有统一的分类。主要有以美国为代表的诊断土层为分类依据，也有以苏联为代表的土壤发生分类。中国学界在 1978 年把成土因素、成土过程和土壤属性三者结合起来考虑，采用了依次是土纲、土类、亚类、土属、土种、变种六等级的分类制。

表 2-2　中国主要土壤类型表

Table 2-2　Major Soil types of china

土纲	主要土类
冻土	冰沼土、冻漠土
灰化土	灰化土
弱淋溶土	灰色森林土、褐土、灰褐土、燥红土
淋溶土	棕壤、暗棕壤、黄棕壤、白浆土
富铝土	红壤、黄壤、砖红壤性红壤、砖红壤
钙积土	黑钙土、栗钙土、灰钙土、棕钙土、黑垆土
荒漠土	灰漠土、灰棕漠土、棕漠土
盐渍土	盐土、碱土
湿成土	沼泽土、草甸土、潮土、黑土
高寒土	亚高山草甸土、高山草甸土、亚高山草原土、高山草原土
变性土	青黏土、棕黏土、黑黏土、暗黏土、红黏土
初育土	石质土、粗骨土、黄绵土、风沙土、姿色土、石灰土
人工土	水稻土、灌淤土、绿洲土

资料来源：张晶：《地质公园建设中地质多样性保护与协调性利用研究》，中国地质大学硕士学位论文，2007 年。

---

[1] 潘树荣、伍光和、陈传康等编著：《自然地理学》，高等教育出版社 1985 年版，第 286 页。

土壤的地域分布具有纬度地带性、非纬度地带性和垂直带性分布规律。土壤的纬度地带性是由于太阳辐射能和热量随纬度发生递变，从而导致气候、生物等成土因素以及土壤的性质和类型也按纬度方向呈有规律的更替。土壤的非纬度地带性是由于海陆差异引起的水热条件和生物等成土因素发生有规律的变化，从而使土壤也随之发生相应的变化的规律。土壤的垂直带性是由于热量由下而上递减，从而引起降水、植被等成土因素有规律变化，而导致土壤也发生有规律变化的现象。总之，土壤分布的这三种特性实质上反映了成土因素分布的规律性，也是土壤多样性的表现形式。

六　生物多样性

据研究，地球从最原始的生物——细菌出现到现在，大约经历了30多亿年。在这期间，生物不断地分化和发展，形成从低级到高级，由简单到复杂，由少到多，一直到今天繁荣的生物界。据统计，现今地球上已被人们发现，并记载名称的生物大约有 20×10^5 种，其中动物约为 15×10^5 种，植物约为 5×10^5 种。

传统的分类把生物划分为植物和动物，但 G. F. Leedale 提出把生物划分为原核生物界、植物界、真菌界和动物界四大类〔1〕。影响生物的因素主要包括光、温度、水、空气、土壤、人类、生物之间的关系等。其中，光、温度受太阳辐射的影响；而温度、水还受地貌的影响(海拔高温度低，水总是从高处流向低处并分布于低洼地等)；而地貌、土壤的多样性前面已经介绍过，与矿物、岩石等地质有密切的联系。所以，生物的种类和分布归根结底受地质的影响。生物多样性是地貌多样性和土壤多样性共同作用的结果。

七　人类活动多样性

地质多样性看起来离人们的生活很远，但其实处处与人们的生活紧密联系在一起。第一，人类居住的场所如平原、丘陵、盆地、高原等，都受地貌的影响，由地貌多样性来决定。

---

〔1〕 潘树荣、伍光和、陈传康等编著：《自然地理学》，高等教育出版社1985年版，第311页。

第二，人类工业的数量、质量、空间布局与发展等，与煤、石油、天然气等能源资源和磷矿、铜矿、铁矿等其他矿产资源的分布与含量或多或少有直接的关系，因此人类大部分工业也依托着地质多样性。

第三，人类赖以生存的土壤，其不同的面积、不同的特性决定了人类不同的耕作方式、农作物种类、空间分布等，因此地质多样性也影响了人类的农业布局。

第四，不同的地质情况决定着居民所用的建筑材料，从而形成当地独具特色的景观，这些独特的景观也赋予众多作家、艺术家以及音乐家们创作的灵感，形成了当地独特的文化、艺术氛围。所以地质多样性还决定了人类的文化。

第五，地质多样性所表现出来的各种地貌形态、地质遗迹等，具有科学研究、美学观赏等价值，成为颇受公众喜欢的旅游资源，为人类提供了娱乐的场所和经济发展的机会。

第六，地貌、岩石、土壤、地表水及地下水等地质多样性还严重影响人类的健康。例如，R. Masironi 等人对美国、加拿大等国的心血管病进行研究发现在灰化土、冰碛土地区，这类疾病死亡率最高，在棕色土、地中海红土地带，这类疾病死亡率最低。因为地貌具有一定的岩石、土壤和地下水构造，而岩石、土壤和水又决定了化学元素的富集和迁移等，从而影响到人类的健康。

总之，人类活动的很多方面都直接或间接受到地质多样性的影响。因此可以说地质多样性决定了人类活动的多样性。同时人类活动的多样性也反过来影响地质多样性。

八　景观多样性

关于“景观”的含义有着不同的理解。地理景观系统的奠基人贝尔格认为：景观是自然现象，具体包括地形、气候、水、土壤和植被、动物界，以至在一定程度内人类活动的结合或组合[1]。在这个景观的概念中没有包括岩石、构造、地层、地质遗迹、古生物化石、

---

〔1〕 杨国良：《华中区自然景观分类研究》，《四川师范学院学报》（自然科学版）1999 年第 3 期。

地质作用、地质运动等地质基础内容。笔者认为这是不全面的，因为在实际中这些内容都可以构成景观。在生态学中，景观的定义包括狭义和广义的两种。狭义景观是指数十到数百平方公里的范围内，由不同生态系统类型所组成的异质性地理单元。反映气候、地理、生物、经济、社会、文化综合特征的景观复合体则称为区域。狭义景观和区域统称为宏观景观。广义的景观则指从微观到宏观不同尺度上的，具有异质性或缀块性的空间单元。显然，广义景观概念强调空间异质性，它突出了生态学系统中多尺度和等级结构的特征。通常讲的景观是指反映地形地貌景色的图像，例如山地、森林、草原、湖泊，等等，或是某一地理区域的综合地形特征，或是人们所看到的自然景色〔1〕。

综合上述对景观的定义，可以归纳为，景观是地球上各种地质基础(包括岩石、构造、地层、地质遗迹、古生物化石、地质作用、地质运动等)、地形、气候、土壤、生物以及人类活动等综合组成的有形展示的地域综合体。由于地球上本身就存在多样性的地质、地形、土壤、生物和人类活动，再加上它们相互之间的各种组合，形成更为复杂而多样的景观。

景观多样性是人类旅游业发展的资源基础，它决定了旅游资源、旅游流等，同时也决定了各地的经济发展方式。根据中国科学院地理科学与资源研究所和国家旅游局合作研究制定的旅游资源分类标准，旅游资源在中国被分为 8 个主类、37 个亚类，共 155 个基本类型。笔者在此分类的基础上，对景观多样性资源进行分类。把它们的地文景观分为地质与地貌景观、剖面与构造景观两大类，其中把综合自然旅游地、地质地貌过程形迹、岛礁等归入地质与地貌景观类，并把水域风光大类也归入地质地貌景观类；沉积与构造、自然变动遗迹归入剖面与构造景观类；其余的分类基本上相一致。详情见表 2-3：

〔1〕 李博主编：《生态学》，高等教育出版社 2000 年版，第 258 页。

表 2-3　中国景观多样性资源分类

Table 2-3　Types of the Landscape-diversity's resources

	主类	亚类
景观多样性资源	地质与地貌多样性景观	综合自然旅游地、地质地貌过程形迹、岛礁、水域风光
	剖面与构造多样性景观	沉积与构造、自然变动遗迹
	气候多样性景观	天象与气候景观
	生物多样性景观	生物景观
	人类活动多样性景观	遗址遗迹、建筑与设施、旅游商品、人文活动

第三章

地质多样性的价值

从上文所论述的地质多样性内容体系的框架结构可以看出，地质多样性通过元素、矿物、岩石、地貌、土壤、生物等多方面的作用，最终决定着地球上的生命结构及人类活动，是人类生存和发展的基础，对人类非常重要。人们只有充分认识地质多样性的功能与价值，掌握地质多样性的规律，才能在保护人类共有的地球的同时，向自然界更多地索取以满足人类发展的需要。归纳起来，地质多样性具有五大价值：固有价值、经济价值、功能价值、文化和审美价值、教育和科研价值。下面分别对这五大价值进行阐述，并见图 3-1。

第一节　固有价值

地质多样性的固有价值是指地质多样性是其自身产生的价值，而不是因地质多样性能用来做什么而产生的使用价值，后者称为地

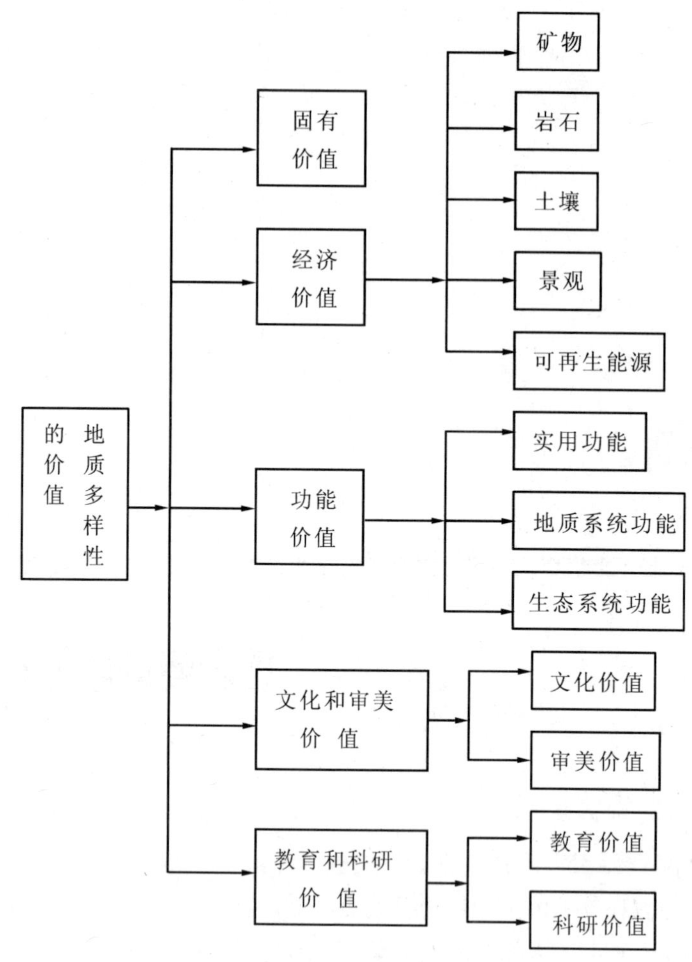

图 3-1 地质多样性价值框架

Fig 3-1 The frame map of the Geodiversity's value

质多样性的实用价值。关于对地质多样性固有价值的阐述产生了"技术中心主义"和"生态中心主义"两大对立的观点。这两大观点争论的核心是关于社会和自然的关系问题。

"技术中心主义"或"人类中心主义"认为：地质多样性的固有价值是自然价值，由于自然价值依靠于人们的道德和信仰系统，因此不存在这样的固有价值[1]。16、17世纪法国、英国的一些哲学家把人与自然分开，认为人类可以开发利用、控制和支配地球的自然资源，并且不需要对这些自然资源进行限制。那时的人类对所居住的环境并不重视和关心，环境被看做是商品，和其他商品一样也具有市场。因此自然也被看做是外部的环境而没有价值，除非它被社会所开发利用。“生态中心主义”的观点则认为：自然不是社会结构，但是它有自己的价值，而且这个价值不需要依靠任何自然的作用。其存在的自然的固有价值是为了它自己的利益。虽然这种观点有它的不足，但仍然被一些运动、文化和宗教所采用[2]。古德温(Goodwin)在1992年曾经提出过：自然过程或风景的价值主要是因为它们不需要经过人类的劳动。按他的观点，可以说自然风景的价值比人文风景的价值要高。风景的多样性没有它自身的天生的价值，但是它有一个主观的内在价值，那就是它的存在价值。

另外一个和地质多样性、生物多样性都相关的讨论就是对所有存在的资源进行保护是合理的吗？例如，当人们花了几个世纪的时间要消灭天花病毒时，是否还应该对它进行保护？人类是否应该保存地球上现存的所有生物？蜘蛛、老鼠这类动物是否拥有和熊猫、海豚这类动物一样的价值？对于地质多样性也是这样。它不仅能给人们带来很多益处，但同时也可以带来很多危害，如洪水、泥石流、地震、火山爆发等。是否也应该对这些地质多样性进行保护呢？人们不可能根除地球上所有潜在的灾难，因为它们本身就是自然演变过程的一部分，但却可以通过科学的规划、疏散人群、修筑工程、预测灾难性事件等办法来尽量减少灾难带给人类的损害。还有一些关于地质多样性的目标和原理的问题。例如，侵蚀是一种自然过程，但如果它使地质多样性化学元素发生迁移，那我们还会对它进行研究吗？人们能确定地球上的地质多样性，但又怎么才能确定哪些是需要保护的呢？如果多样性只有一个主观的内在价值，那么地质遗产作为地质多样性的主要组成要素之一，也应该是地质多样性的最

[1] Murray Gray, *Geodiversity: Valuing and Conserving Abiotic Nature*, John Wiley & Sons, Ltd, 2004, p. 66.

[2] Ibid., p. 69.

有意义的固有价值[1]。

第二节　经济价值

物质的经济价值主要取决于其是否存在有价值的环境和自然特性。例如，同样为岩石的钻石、红宝石、玉石等的价值要比同样作为岩石的砾石的附加价值也许高很多，这主要是由它们各自不同的生成环境以及自然特性决定的。岩石、矿物、沉积物、土壤、化石等的经济价值也主要取决于各自拥有的自然特性。而且很多地质物质拥有比它们理论经济价值更高的实际经济价值。

一　矿物的经济价值

自然界的矿物很多，目前人们已经发现的有3000多种，广泛运用于人类的生产和生活。矿物可以用做燃料、建筑材料、工业原料等，部分矿物例如石灰石、石膏、硅石等既具有建设用途，又具有其他工业用途。

目前，作为矿物燃料的矿物最主要的有煤和石煤、石油、铀等。煤和石煤，按一般的看法，都是陆地上的植物在潮湿的环境下，经过长期的压实而形成的。石煤积累的时间相对较短，只经历了相对较弱的压实和变质。它也是世界上许多国家和地区最传统的燃料资源。根据联合国煤炭组织估计，全球石煤覆盖面积达400万平方公里，几乎占到全球陆地面积的3%。石煤再经过不断的加温加压形成煤。根据其成熟度又分为褐煤、烟煤、无烟煤和石墨。其氧和氢的含量依次逐渐减少，碳的含量逐渐增多，石墨中碳的含量达到100%，其发热价值也越来越高，相应地也带来更高的经济价值。石油是由远古海洋或湖泊中的动植物遗体在地下经过漫长的复杂变化而形成棕黑色黏稠液态烃混合物。其沸点范围从较低温度到500℃以上。未经处理的石油叫原油，它分布很广，世界各大洲都有石油的

---

〔1〕 Murray Gray, *Geodiversity: Valuing and Conserving Abiotic Nature*, John Wiley & Sons, Ltd, 2004, p. 70.

开采和炼制。铀是一种特殊类型的矿物燃料，它是通过辐射释放能量的。

地球上还有多种矿产由于它们特殊的物理和化学性质，使它们在工业生产中具有多种多样的用途，为人类的工业发展提供了原材料，从而产生巨大的经济效益。例如，镍可以用于合金和不锈钢的生产；铅可以用于电池的生产和作为燃料添加剂；铜可以用做建筑材料、电子产品等；铁可以用来炼钢；石灰可以用于钢材表面、水的治理和农业生产；锰可以用于结构、机械制作和交通；天然铜具有很强的硬度可用于武器、工具和装饰等；某几种金属联合形成的合金会产生新的特性等等。

贵重矿产主要是各种宝石。宝石多数是自然产出的单质和化合物。单质如自然金、自然铜、金刚石等，化合物如水晶、刚玉等。宝石由于其稀有性、耐久性和艺术审美性而拥有较高的经济价值。自然界数千种矿物中适合当做宝石加工的矿物只有百余种[1]。

二　岩石的经济价值

在过去，岩石往往可以直接作为避所(如洞穴)或作为人类居住或工作的建筑物的墙壁；而在现代虽然生物材料在建筑结构中也得到运用，但用得最多的仍然是地质材料，这充分显示了地质多样性巨大的经济价值。通常用来做建筑材料的矿物有建筑用石、石灰石、结构黏土、石膏、沙子、沥青等[2]。建筑用石一般用做建筑物的墙壁、屋顶，或用来铺设道路等等，而且还可以用不同颜色的岩石制作成各种美丽的图案；石灰石主要用于水泥和混凝土的生产；石膏是用来涂墙和天花板的灰泥的主要原材料等等。

据研究，古代生物死亡后，由于被迅速地沉积掩埋，经过石化作用，形成化石。一般的化石主要是古生物的硬体部分或者遗迹(足迹)、遗物(粪便)等，只有在很特殊的情况下才能保留古生物的软体，因此十分罕见和珍贵；另外由于古代生物化石记录了地球生物

---

〔1〕 辛建荣著：《旅游地学原理》，中国地质大学出版社2006年版，第239页。

〔2〕 Murray Gray, *Geodiversity: Valuing and Conserving Abiotic Nature*, John Wiley & Sons, Ltd, 2004, p. 85.

演化的历史，对研究生物进化、确定地层年代、推断古地理环境和古气候等都是极为重要的证据[1]；再加上许多生物化石具有独特的造型，因此有很高的科研和收藏价值，从而也相应地产生很高的经济价值。

三　土壤资源的经济价值

土壤是一种天然形成的自然物，土壤资源是各种土壤类型的总称，是人类赖以生存的物质基础和条件。由于土壤资源具有固定性、差异性和耐久性等自然特性，所以在客观上也决定了土壤具有独特的经济特性即经济价值。第一，土壤为人类的生产生活提供了一个平台或基地，所有人都是生活在一定的土地上的。第二，土壤作为基本生产资料和劳动对象，为农业和其他部门提供人类必需的各种有机物质，如粮食、蔬菜、水果等。第三，土壤还为工业提供各种原材料如棉花、甘蔗、林木，等等，因此具有非常重要的经济价值。第四，在城市地区，土地的经济价值还和金融、商业、贸易、居住、仓储、工业等结合在一起，产生更大的超出土地本身数倍的经济价值。城市土地的这种区位效益性，是由于人们对不同位置的土地有不同的投入，不同的投入就有不同的产出，高投入理应得到高收益。一般而言，金融、商业对位置的敏感性强，因此居于城市的中心地带；居住、仓储对位置的敏感性弱，一般位于城市的周边地区；而制造业则处于这两者之间的地带。第五，城市土地的经济价值还表现为由于城市土地的面积是有限的，随着城市人口的增多，基础设施建设的增加等，城市土地的经济价值相对来说也越来越高。

四　景观资源的经济价值

景观资源通常就是人们所看到的自然景色，其中被人类开发利用而用于旅游业的那部分资源又称为旅游资源。首先，旅游资源具有较高的经济价值，如观光、游览、娱乐、休闲、健体、疗养、商务、修学等多种经济价值。其次，第二次世界大战以后，全球经济迅速发展，旅游已经进入大众化发展阶段，许多国家都把发展旅游

---

〔1〕杨世瑜、吴志亮编著：《旅游地质学》，南开大学出版社 2006 年版，第 122 页。

业列为当地经济发展的主要部门和产业。随着人类生产力水平和生活质量的更进一步提高，旅游者人数、旅游经济收入将会相应地大幅度提高，旅游资源将具有越来越高的经济价值。最后，在众多的旅游资源中，以地质多样性资源基础为主的地质公园、地质遗迹、生态旅游等地质旅游形式和旅游产品越来越受到人们的青睐。拉伍德(Larwood)以及普瑞色(Prosser)在1998年曾经得出这样一个结论：旅游者，在很大程度上来说都是地质旅游者。因此地质旅游具有巨大的经济潜力。

五　可再生能源的经济价值

虽然煤和石煤、石油、铀这些矿物为人类的生产、生活提供了大量的能源，但是，随着人类对环境问题的关注以及可持续发展思想的提出，科技工作者努力寻找其他可再生能源。例如，利用地球内部热能或火山爆发释放出的大量热量的地热资源；在水源充足的地区把水的势能和动能转化为电能的水电资源；在有条件的海滨地区可以大力开发波浪能和潮汐能；在高原、海岸地带发展风能资源等等。这些新能源的产生都是由地质多样性基础条件决定的。

第三节　功能价值

地质多样性的功能价值主要包括三个部分：一是关于人类社会的实用功能；二是地质系统功能；三是生态系统功能。

一　实用功能

关于地质多样性的实用功能很多，大概归纳为以下几个方面：

首先，土壤是地质多样性的表现形式之一，它为人类提供粮食、蔬菜、水果、木材、棉花等各种农业、林业和经济作物，是人类生存的最基本保障，也是地质多样性最基本的实用功能。

其次，地球的陆地表面为人类的生产、生活提供了一个基础平台，特别是与地形、岩石类型或土壤等结合在一起影响到人类农业、工业的分布和布局。其中地形又是影响实用价值种类最主要的因素。

再次，地球为各种物质的储存和循环提供了场所。例如，地球上土壤和泥炭中对碳的储存；秋天的落叶通过土壤和树根产生了腐殖质和营养的循环，在全球范围内形成碳氢化合物的循环。

最后，土壤、沉积物、岩石等通过渗透、交换、分解和稀释等过程在减少污染物质、帮助维持地表和地下水的质量方面起到很大的作用。岩床的组成物质和结构在一定深度影响水循环的化学性质，这种特性可以运用到矿泉水的开发与白酒的酿造。再如，意大利的威士忌酒的酿造与分布据说与当地的岩床构造有关。

二　地质系统功能

河道完成从河流发源地到海洋的水的输送工作，其流量受溪流的流出物的影响与控制。河道的形状影响水的流量，而水的流量又反过来通过侵蚀和沉积影响河渠的形状。洪积平原在洪水泛滥时完成水的储存和排泄任务。它们都拥有从溪流上游下来的大量物质和动能。

海水既对海岸形成侵蚀，同时又让沉积物在海岸进行沉积，从而达到一个动态的平衡状态。盐碱地能使沉积物在垂直方向上迅速增长，从而最终导致海平面的上升[1]。在地球上存在着许许多多这样的物理地质系统，这些系统都能不断地达到一个平衡状态，其功能对整个环境系统的功能具有重要意义。

三　生态系统功能

长期以来人们对物理环境对多样性的环境、多样性的栖息地和生物多样性的重要影响认识不足，直到 2001 年，沃仁(Warren)和弗兰奇(French)以及其他的工程学家和生态学家才开始意识到物理环境的过程和方式对生态系统的重要性。例如：从事热带雨林研究工作的生态学家意识到斜坡动力学对生态系统和动力学产生重要影响，

---

〔1〕 Murray Gray，*Geodiversity：Valuing and Conserving Abiotic Nature*，John Wiley & Sons，Ltd，2004，p. 121.

从而开始和地球生物形态学家进行合作研究[1]。同理，在海岸管理保护方面，一部分具有保护思想意识的生态学家和工程学家认识到让沙子移动而改变位置这种物理动力学过程的重要性。这一点对于动植物物种的动力学理解也起到很大的帮助作用。影响动植物种类和分布的生态系统的地质多样性的因素主要有地形、土壤、水分含量、海拔高度、岩石种类及构造，等等。地球上多种多样的生物都和各种物理环境相适应，如海岸和溪流、湿地和沼泽、沙漠和山地、砾石和火山，等等。这些多样性的物理系统对生态系统和生物多样性产生重要影响。

第四节　文化和审美价值

地质多样性的文化价值和其固有价值是联系在一起的，它是在各种物理环境的社会方面的价值和意义，主要包括民俗和地质神话价值、考古和历史价值、宗教价值、地理环境社会价值。地质多样性的审美价值主要体现在旅游价值方面。

一　文化价值

早期的人类由于不清楚地质的形成过程及基本原理，对一些外形独特的岩石或风景的成因赋予超自然的力量，编制各种美丽的传说，也即一些地质神话因此形成并流传下来。例如，中国著名的风景旅游区“长江三峡”之一的瞿塘峡中，有一个“风箱峡”。风箱峡本是一个险峻的峭壁，峭壁之上有几条缝隙，远远望去，在一条较大的缝隙中，搁着一叠长方形的木匣，看上去很像风箱，故名叫“风箱峡”。而早期由于人们不明白它们到底是什么物体，就编造了神话故事。传说这个风箱是当年鲁班(据传说，是中国木匠的“祖师爷”)经过这里时留存下来的棺木，据研究考证有两千余年历史。一直到1971 年，三位采药人登上了风箱峡，揭开了“风箱”之谜，原来是许

---

〔1〕 Murray Gray, *Geodiversity: Valuing and Conserving Abiotic Nature*, John Wiley & Sons, Ltd, 2004, p. 121.

多年前古代巴人"岩葬"时留下的棺木，据研究考证有两千余年历史。类似这样的神话，不仅在中国，在世界各地都有很多。除了各种岩石和风景，化石也赋予了很多地质神话。在有些地方根据这些地质神话，还形成了一定的习俗。例如，传说中国古代名人屈原投汨罗江而死后，被一条大鱼沿湘江再溯长江托回了他的故乡今湖北省秭归县，当地人为了感谢这条大鱼，纷纷往江中投粽子以示感谢。然后就形成了农历每年的五月初五(端五节)秭归人家家户户都包粽子、吃粽子等习俗。端五节后来也成为了长江中下游及其他一些地区的节日。因此，地质神话可以形成相应的习俗，从而丰富人类的文化生活。

人类的祖先是在各种物理环境、地质环境、风景等紧密联系在一起的环境中生活的。考古学家通过对地质遗迹的考察，发现古代人类在几千年前，就已经进入"石器时代"，开始利用岩石制作捕猎、砍切、耕地等各种生产工具，这些工具的问世，推动古代农业的发展。后来，人类又更进一步利用了多样性及其他可资利用的自然环境，特别是利用各种岩石，制作岩石民居、防御工事、墓葬等等，并在岩石上进行雕刻、绘画、书写文字等等。例如，位于非洲大陆的尼罗河的埃及金字塔、位于中国的万里长城等等都是很好的例子。另外，多样化的地貌还决定着历史事件的发生，地质多样性对重大历史事件产生重要影响。因此，可以说人类发展的历史又是一部人类利用地质多样性的历史。

更能体现人们充分认识地质多样性价值的是各种物理环境被赋予了宗教价值[1]。例如，"亚当"一词来源于古希腊语"adama"，意思是地球或土壤，"夏娃"也来源于古希腊语"hava"，意思是生命。"亚当"与"夏娃"合在一起意味着土壤和生命，因为只有土壤才使人类有生命存在的可能。这反映了土地的价值。非洲肯尼亚有一位前总统曾说过：土地能满足人类精神和物质的各种需求：土地上的作物能使人类得以生存，人死后土地能使其灵魂得到超脱。据说美国北部每个印第安部落都有它们各自的关于世界起源的宗教故事；而

〔1〕 Murray Gray, *Geodiversity: Valuing and Conserving Abiotic Nature*, John Wiley & Sons, Ltd, 2004, p. 77.

澳大利亚当地土著人因为他们的宗教信仰，都把岩石和地形看做是神圣的、宗教的产物；这些都充分说明地质多样性的地质宗教价值。

各地地理环境背景不仅为人们的生活提供了场所，还与当地的文化、经济等社会价值紧密联系在一起。岩石、土壤、地形、方向、海拔高度、风景等都是地理环境的重要组成部分。例如，在美国基本上每个州都有自己的州化石，每个家庭都有自己的“婴儿石”，在孩子们眼里它具有神奇的能量。农业社会对土壤产生最直接的依靠，因此相应地也产生了与土壤、大地、地球等相联系的术语，如“土地的儿子”、“大地母亲”，等等。沿海地区由于对渔业的生活依赖，海成了生活的主要来源，半岛、岛屿这些海岸地形为人们提供了航海的陆地标志，增加了相应的地理环境感官。另外，在地理环境中还存在一些微妙的关系。例如，河流沿岸地区的人们既依靠河水对农业的灌溉和生活用水的需要，又害怕洪水爆发影响生活；有火山的地区的人们生活既依赖于肥沃的火山灰土壤，又害怕火山暴发造成的影响等。这些和人类生活相关的地质多样性资源以及与人类的这种微妙关系都反映了该地的社会价值〔1〕。

二　审美价值

简单地说地质多样性的审美价值就是由各种地质物理环境提供的视觉吸引。然而自然风景的审美价值长期以来没有得到人类的认识，一直被规避。直到18—19世纪受美国和欧洲浪漫主义运动的影响，以前被视为“可怕的瀑布”、“恐怖的岩石”等地区逐渐成为浪漫主义诗人灵感聚集的地方〔2〕，自然风景的审美价值才得到认识、提升和保护。

无论是山地、平原、海岸还是河流，多样化的地形决定了它们具有审美价值；其次许多具有很多物理特征的山地、海滨、峭壁、河流、砾石和瀑布等也都具有相当高的审美价值。例如中国的桂林山水、黄果树瀑布、长江三峡等。随着国际、国内旅游业的发展，

〔1〕 Murray Gray, *Geodiversity: Valuing and Conserving Abiotic Nature*, John Wiley & Sons, Ltd, 2004, p. 77.

〔2〕 Ibid., p. 82.

越来越多的人加入地质旅游者的队伍，地质旅游和生态旅游一样，成为人们的首选旅游方式。首先这是因为人们对旅行和徒步旅游的兴趣增加。其次，大量的地质和地球生物形态奇观吸引了大量的旅游者，有时候电影、电视剧拍摄过程中所用的一些外景，也导致一些寻根旅游。例如在中国著名的电视剧《神雕侠侣》中的“绝情谷”外景，因选在浙江省东南部的雁荡山拍摄，该电视剧播放后吸引了大量的游客前往该地旅游。再次，一些地质活动和设施，也能吸引大量的游客，例如寻找化石的活动，地质遗迹、博物馆、游客中心等设施的建立等。有时一些志愿者也进入地质公园从事修建步游道、台阶、石墙、池塘和疏浚水沟等工作。最后，一些与地质旅游活动相关的体育项目，如滑雪、探险、漂流、攀岩等，也受到旅游者的青睐。

审美价值另一方面表现为艺术灵感。伯恩尼蒂(Bennett)和多利(Doyle)在1997年曾指出，风景是画家、音乐家、诗人、作家以及其他艺术工作者非常重要的灵感来源。如中国古代著名诗人李白在看到庐山秀峰瀑布时，写出了“飞流直下三千尺，疑是银河落九天”的豪迈诗句。

第五节　教育和科研价值

地质多样性资源具有非常重要的教育价值和科学研究价值。

一　教育价值

首先，各种矿物、岩石、地质构造、地质遗迹、生物资源等地质多样性资源可以作为地质、地理、生物、旅游等专业的野外教学实践对象或实践基地，以利于学生了解各种地质多样性资源的特性、形成原理和过程等。

其次，矿产资源的勘探和开发、各种自然灾难的预测和预报、土地资源的可持续利用、旅游资源的开发与规划等等，都需要对地质学家，地球生物形态学家、地理学家、旅游专家等进行专门的教育和培训。

另外，青少年对裸露的岩石、各种化石、地质遗迹、风景资源、人类活动等地质事物形成的认识和理解，在教育方面也起到重要的作用。因此应充分利用地质多样性价值，对下一代地质学家、或对地质历史和环境感兴趣的业余爱好者进行各种教育和培训。

二　科学研究价值

地质多样性资源的形成是地球形成、演化和发展的结果，是一部科学记载地球演化、发展的历史，因此具有非常重要的科学研究价值。例如：对化石的研究可以了解生物物种的进化以及人类历史的发展；对地质、地球生物形态的研究可以了解冰期和间冰期、全球气候变暖等气候史相关问题；通过对海平面上升的动力学进行研究，让人们更深刻地理解海岸的变化过程；对湖泊、沼泽、冰核中的沉积物进行研究可以了解人类活动对环境的影响，等等。

地质多样性资源的科学研究价值还表现在另一个方面，就是它不仅可以了解过去，还可以预测未来。例如：对环境污染、水土流失现象的监测，不仅能理解或恢复过去人类对环境及土地利用方面的影响，而且还能预测现在人类活动对未来环境的影响；通过运用一些特殊的方法与材料对过去几百万年气候变化进行分析和研究，为人类预测未来全球气候变化及如何适应气候变化等提供了许多重要启示；对河流和海滨的自然动力学进行研究，可以帮助预测该河流或海滨未来的发展变化，从而帮助人类进行洪水预测和河流管理，等等。

第四章

地质多样性研究的理论基础

第一节　地质多样性理论体系

从图 4-1 地质多样性内容体系框架图中可以看出，地质多样性研究的内容体系巨大，相互之间作用关系复杂，所以关于它的理论体系，为了研究方便，把它分成了两大类：一类是关于地质多样性形成与分布的理论；另一类是关于地质多样性开发与保护的理论。其形成原因从元素到矿物、岩石，其外在表现形式从地貌、土壤到生物、人类活动的多样性变化发展过程中，依次经历了不同的地质环境、地质作用、地壳运动、成土作用、地域分异等环节或过程，才最终形成如今全球多样性的形式。因此，形成与分布的理论也相应包括地质环境理论、地质作用理论、地壳运动理论、成土作用理论和地域分异理论等。而随着地质多样性价值和功能逐渐被人类所认识，其资源也得到了大量的开发和利用。在开发过程中，必须处理好生态环境系统之间的关系、开发与人口、资源、环境之间的关系，以及地质多样性内部各成因和表现形式之间的关系，这就需要生态平衡理论、PRED 协调理论、可持续发展理论以及系统科学理论、空间结构理论等。其理论体系详情见图 4-1。

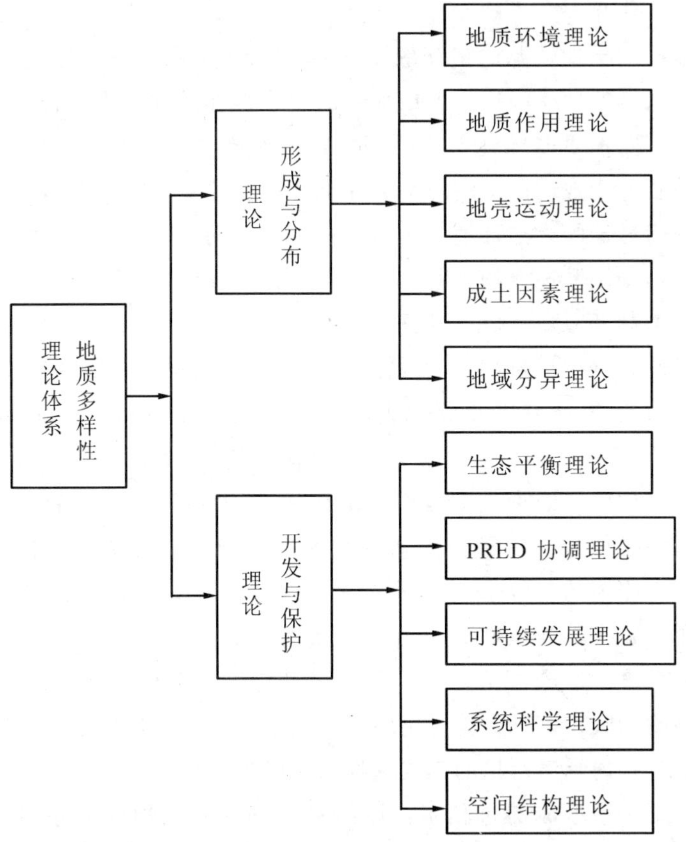

图 4-1　地质多样性理论体系框架图

Fig 4-1　The frame map of the Geodiversity's theory system

第二节　地质多样性形成与分布理论

一　地质环境理论

地质多样性资源的最初级组成单位化学元素是怎样形成？它又是在什么样的地质环境下形成如今的丰富多样的地质多样性资源呢？笔者根据对地质多样性形成的理解，把地质多样性形成的地质环境理论简要分为地球的太空环境、内部环境、外部环境三大部分。

(一)地球的太空环境

根据太阳系现有的一些特征，例如共面性(行星绕太阳运动的轨道平面都接近黄道面)、同向性(太阳系的天体大致都自西向东运动)、近圆性(行星轨道形状都接近圆形)，德国哲学家康德和法国天文学家拉普拉斯，提出了太阳系起源的康德—拉普拉斯星云假说[1]。该假说认为：太阳系是由弥漫星云物质(大团的气体和尘埃)组成的。这些星云物质在自引力的作用下而收缩，在收缩中产生旋涡，旋涡又使星云碎裂成大量碎块，每个碎块就形成以后的恒星。随着引力收缩的持续进行，星云越来越扁、体积越来越小、惯性离心力越来越大，当惯性离心力足以抵消自引力的时候，物质就在原地停留下来，形成原始的星云盘。同时，在星云盘的周围部分，也通过碰撞和吸积，进行着行星的形成过程。而行星周围的残余物质，在较小范围内重演行星的形成过程，形成各自的卫星。

在太阳系形成的过程中，原始星云的最轻的原始元素氢和氦，因持续收缩而产生的高温使得原子核不断融合，逐渐形成了 92 种天然的元素。这些元素的原子通过不断的碰撞、联合，形成分子，分子又联合形成尘埃，尘埃联合形成小的岩石。经过百万年的发展，相当多次的联合最终形成较大的岩石块。这些较大的岩石块反过来又吸收较小的岩块。经过不断的吸收和积累作用，形成了如今地球的岩石构造。地球形成初期的元素构成见表 4-1。

---

〔1〕 金祖孟、陈自悟编著:《地球概论》，高等教育出版社 1997 年版，第 54 页。

表 4-1 早期地球及地壳物质组成

Table 4-1 Composition of the whole Earth and the crust

化学元素	占整个地球百分比	占地壳百分比
铁	35	6
氧	30	46
硅	15	28
镁	13	4
镍	2.4	<1
硫	1.9	<1
铝	1.1	8
钙	1.1	2.4
钾	<1	2.3
钠	<1	2.1
其他	<1	<1

资料来源：Murray Gray，*Geodiversity*：*Valuing and Conserving Abiotic Nature*，John Wiley & Sons，Ltd，2004.

从上表可以看出，地球早期的构成主要元素铁、氧、硅、镁形成了地球的主要物质。在太阳风的吹拂下，地球上较轻的元素如氢、氦等被吹到太阳系的外围形成木星、土星等其他星球。早期的地球由于内部燃烧引起的熔融态和炙烧的环境使得地球内部的化学元素不断地混杂结合在一起，形成新的矿物和物质。

(二)地球的内部环境

根据对地震波传播的研究，地球内部环境可分为三大圈层：地壳、地幔、地核；地核又分为外核和内核。各个圈层之间都存在一个不连续的物理界面。地壳和地幔之间的界面叫"莫霍面"；地幔和外核之间的界面叫"古登堡面"；外核和内核之间的界面叫"利曼面"。根据地震学家布伦 1970 年提出的模式，各圈层的基本特征见表 4-2。

表 4-2 地球内部结构基本特征表

Table 4-2 Essential features form of Earth's inside structure

圈层	下限深度(km)	厚度(km)	平均密度(g/cm^3)	占地球质量(%)
地壳	15	15	2.9	0.39
地幔	2878	2683	4.5	67.6
外核	5161	2298	10.9	32
内核	6371	1210	12.9	32

资料来源：金祖孟、陈自悟编著：《地球概论》，高等教育出版社 1997 年版。

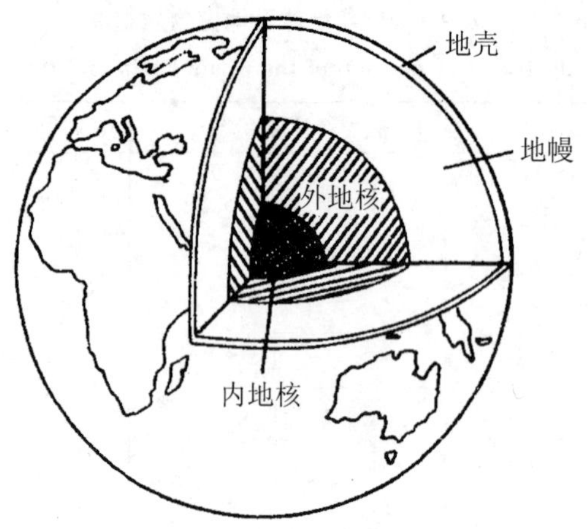

图 4-2　地球的内部构造图

Fig 4-2　The map of Earth's inside structure

地壳的厚度并不均匀，其中大陆部分比海洋部分厚，大陆地壳平均厚 30 公里，海洋地壳平均厚 11 公里。按其组成物质不同地壳又分为两层：上层是富含较轻的硅和铝组成的硅铝层，主要是花岗岩类岩石构成；下层是除硅和铝外还有较多的镁和铁的硅镁层，主要由玄武岩类岩石构成。地幔主要是由铁镁含量很高的硅酸盐矿物所组成的橄榄岩。在 1000 公里的深度，地幔又分为上、下两层。上地幔与地壳共同组成刚性的岩石圈；下地幔的岩石接近熔融状态，有很大的可塑性，其厚度大约 200 公里。地核的物质一般认为主要是铁，也可能含少量的镍。外核呈液态，除含铁、镍以外，还可能含有硫、硅等少量轻元素。

岩石圈是软流圈之上的固体地球部分，包括地壳和上地幔的顶部。其中地壳又具有上部的硅铝层和下部的硅镁层的双层结构。所以，岩石圈内部具有三层结构[1]。详情见表 4-3。

〔1〕 Wolfgan Eder, "Unesco Geoparks－a New Initiative for Protection and Sustainable Development of the Earth's Heritage", n. Jb. *Geol. Paliont.* Abb. Nov. 1999. 214(1/2): 353～358.

表 4-3　岩石圈结构基本特征表

Table 4-3　Essential features form of Lithosphere's structure

圈层结构		厚度(km)	P 波速(km/s)	密度(g/cm^3)
地壳	硅铝层	10	5.6—6.0	2.6—2.7
	硅镁层	15—20	6.8	2.9—3.0
上地幔顶部		65	8.0	3.3

资料来源：Wolfgan Eder, "Unesco Geoparks－a New Initiative for Protection and Sustainable Development of the Earth's Heritage", n. Jb. *Geol. Paliont*. Abb. Nov. 1999. 214(1/2)：353～358。

整个岩石圈的平均厚度为 100 公里，但大陆岩石圈比大洋岩石圈厚[1]。

(三)地球的外部环境

地球的外部环境就是人们可以直接进行观测的空间范围，包括大气圈、水圈和生物圈三大圈层系统。

大气圈(atmosphere)是环绕地球最外层的气体圈层。其物质成分以氮(78%)和氧(21%)为主，其次为氩(0.93%)、二氧化碳(0.03%)和水蒸气，此外还有微量的氦、氢、臭氧、氡、氨、氪等。按其组成和性质的不同，自下而上可分为对流层、平流层、中间层、暖层和散逸层。其密度随高度的增加而减小，逐渐过渡为宇宙空间。大气是地球上有生命物质的源泉，动物靠它呼吸，植物靠它进行光合作用等；大气还能帮助水分进行蒸发，保护地球的热量，大气的水热状况影响一个地区的气候特征；大气还直接作用于地表岩石等等。因此大气圈对地质多样性资源如生物、岩石、土壤、地形等各要素产生重要影响。

水圈(hydrosphere)是分布于地球表层相互连通的水闭和圈，它包括海洋、江河、湖泊、沼泽、冰川、地下水等，还有极少的水存在于生物体和大气中。地球表面 70%以上被水所覆盖。水圈的成分、温度、盐度、水流循环及水中生物等区域特征和垂直分布都具有明

〔1〕 叶俊林、黄定华、张俊霞编：《地质学概论》，地质出版社 1996 年版，第 12 页。

显的分带性[1]。水圈的质量仅占地球总质量的1/5000左右，但是它对岩石圈、生物圈和人类活动具有决定性的意义。地表水、地下水和大气中的水，由于水的固态、气态、液态三相的变化及在太阳辐射作用下，不断地进行着水循环，对岩石、地貌、土壤、生物的形成和变化产生重要影响。由此可见，水是参与地球发展和地壳变化最积极的因素之一，不但可以产生各种地质作用，而且还影响其他地质作用的过程。

生物圈是地球上存在着生物并感受生命活动影响的区域，包括大气圈的下层、岩石圈的上层以及整个水圈，最大厚度大约25公里。但其核心部分是从地表上100米到水下100米的空间范围[2]。自从地球上有生物出现以来，它们便不断地改变着地球的物质成分和结构状态。例如，植物吸收二氧化碳放出氧气而改变大气圈的成分；参与土壤的形成；风化和破坏地表岩石；其新陈代谢在适当的条件下形成可利用的矿产如铁、石油等。这些都充分说明生物既参与了对岩石圈、大气圈和水圈的改造，又参与了地质历史时期的成岩、成矿过程，是推动地壳发展的有利因素。

地质多样性的成因首先是化学元素的形成，而化学元素的形成则取决于地球的起源和形成过程。另外，地质多样性最根本的成分是矿物，也是在一定的地质环境下产生的。例如，矿物的化学组成和内部结构都受地理环境的影响和作用。因此，地质环境理论决定着地球上元素和矿物的种类，是影响地质多样性形成和种类的最基本的理论。

二　地质作用理论

矿物经过一定的地质作用形成岩石。地质作用(geological process)是指自然界各种动力引起岩石圈的物质组成、内部结构和构造、地表形态等不断变化和发展的作用。根据动力来源的不同，地质作用分为内动力地质作用和外动力地质作用。内动力地质作用主

〔1〕 杨伦、刘少峰、王家生编著：《普通地质学简明教程》，中国地质大学出版社1998年版，第36页。

〔2〕 同上。

要来源于地球的热能、重力能及地球自转和转速变化的动能等；外动力地质作用主要来源于太阳辐射能和宇宙空间能等。地质作用是各种内外力综合作用的结果。根据地质作用发生范围的不同，分为地表动力地质作用和岩石圈动力地质作用两大类。

(一)地表动力地质作用

地表动力地质作用所处的环境主要包括岩石圈表层、水圈、生物圈和大气圈，作用对象主要是岩石圈表层。按照地质营力的作用方式和作用地点，可划分为风化作用、风的地质作用、陆地流水的地质作用、湖泊的地质作用、海洋的地质作用等。其作用的程序一般按照风化、剥蚀、搬运、沉积和硬结成岩作用的顺序进行的[1]，详情见表 4-4。

表 4-4　地表动力地质作用表

Table 4-4　Geology effect form of The earth's surface driving force

作用名称	作用机理
风化作用	由于温度、大气、水及生物等作用，岩石和矿物发生分解和破坏
剥蚀作用	地表岩石和土壤受大气、流水、海水和生物在运动过程中产生的作用，使其剥离原地
搬运作用	风化和剥蚀的产物被流水、风、冰川和生物等从原地迁移另一地点的过程
沉积作用	被搬运的物质当介质物理化学条件发生改变时，在新的环境中有规律地沉淀、堆积的过程
成岩作用	沉积物堆积到一定厚度时，处于下部的松散沉积物被压固、脱水、胶结及重结晶成岩的过程

(二)岩石圈动力地质作用

岩石圈动力地质作用是发生在岩石圈，由内生能源引起的地质作用。具体可以划分为构造运动、岩浆作用和变质作用三种类型[2]，详情见表 4-5。

另外，在岩石圈与软流圈接触面还发生底面固结作用(使大洋岩

〔1〕 杨伦、刘少峰、王家生编著：《普通地质学简明教程》，中国地质大学出版社 1998 年版，第 38 页。

〔2〕 宋春青、张振春编著：《地质学基础》，高等教育出版社 1989 年版，第 29 页。

表 4-5　岩石圈地质作用表

Table 4-5　Geology effect form of Lithosphere's driving force

作用名称	作用机理
构造运动	地球内能引起的岩石圈物质的机械运动，可分为大陆漂移、海底扩张、褶皱、断裂等
岩浆作用	岩浆的形成、位移到固结成岩的演化过程
变质作用	岩石在温度、压力等影响下，保持固态，发生结构、构造、成分变化，转变成新的岩石

石圈不断增厚)和底面侵蚀作用(对大陆岩石圈底面冲击、摩擦侵蚀和大规模熔融作用)。这三种作用尽管作用部位不同，在促使岩石圈演化中所起的作用却是相互联系的。但岩石圈动力地质作用在岩石圈的演化过程中处于主导地位。在所有地质作用中，构造运动又是最主要的地质作用，对其他各种地质作用起控制作用。下面就专门对地球构造运动理论进行阐述。

矿物经过一定的地质作用形成各种岩石，从而形成不同的地质多样性。例如，由于构造运动形成的多种褶皱、断裂构造，是"地质公园"项目开发中地质遗迹保护的对象；由岩浆作用和变质作用形成的多种岩浆岩和变质岩也是构成地球岩石的主要类型等等。因此，地质作用理论也是地质多样性形成的最基本且是最重要的理论之一。

三　地壳运动理论

关于全球性地壳运动的原因、规律、表现形式的研究，目前主要有地槽—地台理论和地洼理论、板块构造理论、地质力学理论等。

(一)地槽—地台理论和地洼理论

地槽—地台理论是最早关于地壳的传统理论，它主要是从地壳运动的历史观点出发，按地壳的物质组成和建造及其表现形式划分为构造单元。该理论认为：地壳运动主要受垂直运动所控制，地壳此升彼落造成所谓震荡运动，而水平运动则是派生的或次要的。其驱动力主要是地壳物质的重力分异作用。物质上升造成隆起，下降造成凹陷。主要构造单元有地槽和地台两类，而地台是由地槽演化而来的。

地洼理论认为，在地壳发展过程中，活动区和稳定区可以相互转化，不仅地槽可以转化为地台，地台也可以转化为地洼，而地洼也可以转换成其他的构造单元。而地壳发展是不均衡的，各地区、各阶段的情况是有差别的。

(二)板块构造理论

板块构造(plate tectonics)理论是20世纪60年代后期提出的，该理论掀起了地球科学的一场革命，成为最引人注目的全球性构造理论。它是建立在“大陆漂移说”和“海底扩张说”基础之上的。

大陆漂移(continental drift)学说是由德国气象学家、地球物理学家魏格纳(A. Wegener)在1912年，根据被大洋隔开的两边大陆的形状、地层、构造、古生物、古气候和冰川等各种现象和特点的相似性而提出来的。他认为：由较轻的刚性硅铝质组成的大陆是漂浮在较重的硅镁质之上的。全球大陆在古生代晚期曾连成一个整体，称为泛大陆，环绕它的广阔的海洋称为泛大洋。在某种作用力的影响下，泛大陆自中生代开始逐渐破裂、分离、漂移，最终形成现代的海陆分布的格局[1]。大陆漂移学说由于对大陆漂移的驱动力的解释没有说服力，再加上与当时盛行的地壳水平位置固定不变而只有升降运动的观点是相对的，所以经过热烈的争论之后，被冷落下来，一直到古地磁的研究中古地磁的移动轨迹又为其提供了重要证据。

海底扩张(sea floor spreading)学说是由赫斯(H. Hess)和迪茨(R. S. Deitz)在20世纪60年代初提出来的。他们认为：地幔对流物质从大洋中脊或大陆裂谷上涌，向两侧逆流并推开旧有的洋底物质形成新的洋底。大陆地壳与大洋底是黏合在一起的，并随着地壳与大洋底的扩张一起运动。当洋底运行到海沟处时，便向下俯冲插入地幔重新被熔融，形成一个巨大的循环运动[2]。在随后的研究中，特别是关于海底磁异常条带研究、深海钻探成果及转换断层的发现等等，都有力地验证了海底扩张学说。海底扩张学说的建立，为大

---

〔1〕 潘树荣、伍光和、陈传康编：《自然地理学》，高等教育出版社1985年版，第53页。

〔2〕 同上书，第55页。

陆漂移找到了原因，也为板块构造理论的提出奠定了基础。

板块构造理论就是在大陆漂移、海底扩张、地震与火山活动、山脉的形成等多种理论和地质现象的基础上，用统一的动力学模式解释全球性的构造运动的过程及相互关系的理论。该理论认为，地球的岩石圈不是一整块，而是被一些构造活动带如大洋中脊、裂谷、海沟、转换断层等分割成相互独立的构造单元。这些构造单元或岩石圈的块体，称为板块。目前认为对全球构造基本格局起控制作用的主要有六大板块：太平洋板块、亚欧板块、美洲板块、非洲板块、大洋洲板块和南极洲板块。各板块内部是比较稳定的，而各板块之间是在不断地移动，目前还可以粗略地测定各板块移动的速度和方向。各板块间的结合处则是相对活动地带，因此许多大地构造现象如地磁、地震、火山、地热、岩浆活动等等都发生在板块边界。该理论还认为，驱动板块活动的机制是地幔物质的对流，地幔上升流导致板块分离，下降流引起板块汇集。

板块构造理论可成功地解释近百年来地球科学工作者在地球上发现的大多数事实，被称为“地球科学的革命”。有人将其重要性与天文学上哥白尼的“太阳中心论”和生物学上的达尔文“进化论”相提并论。

(三)地质力学理论

中国的地质学家李四光从地质力学的观点研究地壳运动和大地构造，形成了地质力学理论。该理论认为：全球地质构造的展布不是杂乱无章的，而是具有一定的方向和方位。这是在地壳运动的一定动力方式作用下，形成了相应形式的构造应力场的结果，从而产生出一定方向和方位的构造体系。构造体系是地质力学的基本概念，可划分为三种基本类型：纬向、经向和扭动构造体系。该理论还认为，地球自转及其角速度的变化所引起的地壳水平运动，是推动地壳构造变化的主导因素〔1〕。

从地质多样性的成因到地质多样性的表现形式，关键就是从岩石到多种地貌类型的转化。而岩石是在内外力地质营力的作用下形

〔1〕 杨伦、刘少峰、王家生编著：《普通地质学简明教程》，中国地质大学出版社1998年版，第38页。

成各种地貌的。内营力是由于地球内部能量所产生的作用力，主要表现为地壳运动、岩浆活动和地震；外营力是指地球表面受大气、水、生物等作用所产生的力，其能量来源于太阳能，主要表现为风化作用、流水作用、冰川作用、风的作用、波浪作用等。另外重力作用也是地貌发育的作用之一。而所有这些作用力中地壳运动对地球上地貌形态的影响最为显著和深刻。因此，地壳运动的理论是地质多样性形成的最关键的理论。

四　成土因素理论

俄国土壤学奠基人B. B. 道库恰耶夫从土壤发生学观点提出了土壤形成因素学说。他认为土壤的发生、发展是自然界各成土因素(包括成土母岩、地貌、生物、气候、时间)共同作用的产物。在20世纪40年代，美国土壤学家詹尼(H. Jenny)在其《成土因素》一书中，详细地阐述了成土因素理论，提出了土壤形成因素的基本公式，表示土壤与成土因素之间的函数关系：

$$S=f(CL, O, r, p, t, \cdots)$$

式中S表示土壤性状，而CL、O、r、p、t分别为气候、生物、地形、母质和时间，最后的点号代表尚未确定的其他因素[1]。

气候对土壤形成的影响主要是通过温度、降水、湿度和蒸发等因素起作用的。地球上各地不同的气候也决定了不同的土壤类型。生物对土壤的影响主要是通过生物循环，把大量的太阳能纳入成土过程，才能使分散于岩石圈、水圈和大气圈的多种养分物质积聚于土壤中，才能使土壤具有肥力并不断更新。没有生物的作用就没有土壤的形成，尤其是陆生植物对土壤形成的影响。地貌从两个方面影响土壤，一是地貌的组成物质，即成土母岩的性质，另一个就是地貌形态特征对其他成土因素和土壤本身的物质和能量再分配的印象，例如高度、坡度、坡向等等。成土母岩是构成土体的基本物质，也是植物矿质养分元素的最初来源。成土母质的物理性状和化学组成影响成土过程的速度、性质和方向。成土过程越长，母质与土壤

---

〔1〕潘树荣、伍光和、陈传康编：《自然地理学》，高等教育出版社1985年版，第286页。

的性质的差别就越大，但母质的某些特性仍会继续保存于土壤中。因此，不同的母岩就会形成不同的土壤。另外，时间因素是反映成土过程的历史背景。具有不同年龄、不同发育历史的土壤，应归入不同的土壤类型。

总之，土壤作为地球演化过程中较近期出现的历史自然体，是地球有关圈层相互作用的产物。当各成土因素彼此之间发生相互作用和影响到成土过程的本质和方向时，这些因素就会作为紧密联系的各个因子的整体而同时起作用。

从地质多样性内容体系图中可以看出，由于土壤存在的多样性，从而影响到生物的多样性、人类活动的多样性和景观的多样性。可见，土壤多样性是地质多样性最基本的表现形式，是地质多样性的基础。所以，成土因素理论在地质多样性形成中具有相当重要的影响和作用。

五　地域分异理论

地质多样性的各表现形式中，土壤和生物之间的联系最为紧密，这不仅表现在成因上两者互相深入影响，还表现在空间分布上，都具有相同的地带性分布规律，即地域分异。由于地带性分布规律主要决定于气候条件，特别是其中的热量和水分条件以及二者的组合状况，可分为纬度地带性、经度地带性、垂直带性三种分布规律。

纬度地带性是由于太阳辐射能分布不均而导致热量按纬度在地球上呈带状分布的规律，与此相适应，土壤和生物也按纬度呈带状分布。例如，在北半球，从南向北依次出现热带雨林、亚热带常绿阔叶林、温带落叶阔叶林、温带草原、寒温带针叶林、寒带冻原和极地荒漠带等。经度地带性是由于海陆分布和大气环流等因素的作用，从沿海到内陆水量逐渐减少，因此在同一热量带，以水分为主导因素，使土壤或植被大致沿经线方向延伸成带并且呈东西向依次更替的分布规律。例如在中国温带地区，从东到西依次出现针叶落叶阔叶林带、草原带、荒漠带，其间还有一些过渡带等。垂直带性是由于山地随海拔升高，气温逐渐降低，风速和太阳辐射逐渐加强，降水一般先逐渐增多再逐渐减少。在这些因素综合的作用下，出现了土壤或生物随海拔升高而呈带状依次更替的分布规律。山地各个垂直带由上而下按一定顺序排列形成垂直带系列叫做垂直带谱。不同山地由于所处的纬度和经度不同，垂直带谱也不一样。一般由低纬到高纬，山地垂直带的数目逐渐减少；相似垂直带分布的海拔高度逐渐降低。

地域分异理论主要决定和影响地质多样性在地球表层的分布。特别是土壤多样性和生物多样性的空间分布直接地受到地域分异规律的影响，从而间接地影响到景观多样性的空间分布，还影响到人类对地质多样性的开发、保护等活动的开展等等。因此，地域分异理论在地质多样性各表现形式的空间定位和地理分布、对地质多样性的规划与管理等方面都起到非常重要的作用，是最重要的理论之一。

第三节　地质多样性开发与保护理论

认识到地质多样性和资源的有限性对人类的发展具有十分重要的意义。那么，如何对地球的地质多样性进行合理的开发、利用，既提高资源的利用率，又对地球的环境不造成破坏。这就要求人们在地质多样性的开发中用生态平衡理论、人地关系协调理论、可持续发展理论、系统科学理论以及空间结构理论等来指导实践活动。

一　生态平衡理论

工业革命带动了全球经济的迅速发展，同时也产生了一系列的生态环境问题，如人口增长、水土流失、环境污染、物种减少、气候变化、资源枯竭等等。这些现象目前已经受到全球的重视和关注。因此，各个阶层、各个国家或地区的人都在致力于生态环境问题的研究工作。生态平衡理论就是在这样的背景下而提出来的。生态平衡（Ecological equilibrium，Ecological balance）是指在生态系统中，通过生物链或其他自然因素的作用，使其物质和能量的输入和输出接近相等，从而使其生态环境在一定时间内结构和功能保持相对稳定的动态状态，是整个生物圈保持生命维持系统的重要条件[1]。它为人类提供适宜的环境条件和稳定的物质资源。

一般情况下，生态系统能通过自我调节或适当的人为控制，解决外来的干扰，使其生态系统恢复到原始的稳定状态。但是一个生态系统的自我调节能力毕竟是有限的，如果外力干扰超出了这个限度，生态平衡就会遭到破坏，生态系统就会在短时间内发生结构上的变化。比如一些物种的种群规模发生剧烈变化，另一些物种则可能因此而消失，也可能产生一些新的物种。但它削弱了生态系统的调节能力，这对生态系统来说是最不利的，造成的破坏也是长远性的。生态系统重新回到和原来相当的状态往往需要很长的时间，甚至根本不能恢复到原始状态，从而造成不可逆转的改变。

生态平衡是人类生存与生产活动的基础。保护生态平衡不仅可以保护自然平衡，防止人口膨胀，提高资源的利用率等等；还能在正确认识生态平衡理论的基础上，恢复和改善已经破坏的生态系统环境。因此生态平衡理论要求人类在对地质多样性资源进行开发、保护与管理时，或在进行社会经济其他活动时，除了要讲究经济效益和社会效益外，还必须注重生态效益和生态后果，以便保障社会经济活动的持续健康发展。

二 PRED协调理论

这个理论是关于人口(Population)、资源(Resource)、环境(Environment)与发展(Development)之间的相互协调的理论。受达尔文“进化论”生态学的影响，德国地理学家拉采尔把生物与环境的关系拓展到人类与自然环境的关系上来，从而创立了经典的“人地学”人地关系论。1924年，美国学者巴罗斯也提出了人地关系中人对环境的认识和适应。英国学者罗士培发展了这种思想，提出了“协调”的观点。他认为人地关系包括两方面的含义：一方面是人对其周围自然环境的适应；另一方面是一定区域内人和自然环境之间的相互作用。即人类需要互动地、不断地调整、有意识地适应环境和协调人

[1] 牟忠林、舒静：《生态平衡——人类健康的基础》，载《永远的红树林，中国生态前沿报告》第四部分：优秀论文集。

地关系。人地关系协调论主要要处理好三种关系：一是人类利用自然界时要保持自然界的平衡与协调；二是在开发利用自然的过程中要保持人类与自然环境之间的平衡与协调；三是在人地关系中人类要保持自身的平衡与协调〔1〕。

协调论思想产生以后很快在世界各国受到普遍认同和发展。特别是在 20 世纪 70 年代以后，世界人口数量急剧增加，各种资源日益减少和匮乏，人们对自然环境越来越密切地关注。因此如何协调地理环境和人类活动的关系，已成为区域开发面临的主要任务。而人地关系协调是动态的协调，人类协调的目的是为了发展，是靠人类的开发活动维持的，没有开发，就没有发展。因此只有关于人口、资源、环境和发展之间的协调才是真正意义上的协调。PRED 协调理论就是在这种背景下产生的。其内涵主要包括以下方面：第一，发展是在人口、资源、环境允许下的发展；第二，人口、资源、环境要协调于发展，对发展作出必要的响应〔2〕。区域 PRED 协调中，由于人口、资源、环境的矛盾正是在发展中产生的，所以发展也成了人口、资源、环境协调的关键影响因素，其产生的矛盾又必须通过发展来解决；第三，发展是区域人口、资源、环境协调的目的。

在《区域管理与发展》一书中作者认为：协调是管理活动的核心，而区域管理中的协调是人口、资源、环境与发展的相互协调（即 PRED 协调）〔3〕，故 PRED 协调成为区域管理与发展的理论基石。另一方面该书还提出区域管理与发展的基本目标是：必须保持环境完善、必须追求经济效益、必须追求公平状态，从而使环境（Environment perfection）、经济效益（Economic effectiveness）、公平状态（Equality）成为了区域 PRED 协调发展的 3E 准则（目标），而这些准则正是区域可持续发展的思想精髓〔4〕。

---

〔1〕 卓玛措：《人地关系协调理论与区域开发》，《青海师范大学学报》（哲学社会科学版）2005 年第 6 期。

〔2〕 王恩涌：《"人地关系"思想——从"环境决定论"到"和谐"的思考》，《北京大学学报》（社会科学版）1991 年第 3 期。

〔3〕 毛汉英：《人地系统与区域持续发展研究》，中国科学技术出版社 1995 年版，第 82 页。

〔4〕 张晶：《地质公园建设中地质多样性保护与协调性利用研究》，中国地质大学硕士学位论文，2007 年。

地质多样性的内容体系中既包括了人类，同时也包括了多种地质多样性资源如土地资源、森林资源、矿产资源、水资源等等。在人类发展的过程中，必须对各项资源进行开发。开发势必会影响到人类生存的环境，另一方面开发资源的目的又是为了人类自身的发展。因此，地质多样性资源的开发中涉及人口、资源、环境和发展的问题，所以要用 PRED 协调理论指导实践活动。

三　可持续发展理论

由工业革命引发的一系列问题如人口数量过快增长、资源耗竭、环境恶化等等，越来越受到人类社会的关注。1962 年，美国海洋生物学家 R. Carson 出版了《寂静的春天》一书，标志着人类对生态环境问题开始关注。1972 年"罗马俱乐部"提出了《增长的极限》的报告，报告罗列了经济增长引发的种种环境问题，并且认为如果目前人口和资本再这样快速增长下去的话，世界将面临一场"灾难性的崩溃"，而避免这种崩溃的最好办法就是限制增长，即所谓"零的增长"。同年，人类环境会议在瑞典首都斯德哥尔摩举行。《增长的极限》一书的出版，在全球引起了激烈的争论。有支持者也有反对者。支持者如《公元 2000 年的地球》认为：如果世界继续这样发展，到 2000 年，人口会更拥挤、污染会更严重、经济会更贫困等等。而乐观者却持相反的态度，如朱利安 . L. 西蒙的《没有极限的增长》、H. 卡恩的《今后二百年》等都认为：虽然目前存在一些环境、资源方面的问题，但人类能力的发展也是无限的，这些问题不是不能解决的，世界发展趋势是在不断改善而不是在逐渐变坏等等。1987 年以挪威时任首相布伦特兰夫人为首的世界环境与发展委员会出版了《我们共同的未来》，在全球掀起了可持续发展的浪潮。1992 年，在联合国环境与发展大会上，全球一百多个国家的首脑共同签署了《21 世纪议程》，即著名的《地球宣言》。它宣布全世界人民为遵循可持续发展采取一致行动。中国政府也在 1994 年国务院第十五次常务会议上通过了《中国二十一世纪议程——中国二十一世纪人口、环境与发展白皮书》，表达了中国走可持续发展道路的决心。

可持续发展(Sustainable Development)是指既满足当代人的需要，又不损坏后代人满足其需要的能力的发展。其根本问题是资源分配。既包括不同代之间时间上的分配，又包括当代不同国家、地区、人群间的资源分配。可持续发展观可以说是人地协调论的进一步发展和延伸。包括需要、限制与平等三个概念[1]。“需要”是指发展的目标是满足人类的需要。当前威胁发展目标的主要问题是发展中国家的经济落后和发达国家的资源消耗。对发展中国家来说需要先提高经济增长速度，再提高生活质量；而对发达国家来说，需要如何使经济增长与可持续发展能力相适应，如何减少对落后国家和地区的资源掠夺和剥削。“限制”是指人口、资源、环境是有限的，因此，发展不应该超过资源的限度、不应该破坏人类的环境。这就要求人类社会的经济和社会发展必须和环境承载力相协调，应该有与环境、资源相协调的人口数量。“平等”指的是人类对资源的拥有以及自身发展的需求是均等的。就是要求不同地区、不同人群之间、而且不同代际之间对资源的分配应该都是平等的。

对于地质多样性资源的开发，如矿产资源、地质旅游资源、土地资源等，都存在粗放型的开发模式，也即为数量增长和外延扩大型的再生产模式。因此，导致了地质多样性资源的盲目开发，缺乏深入调查研究和全面科学论证、评估与规划，开发环境也遭到了严重破坏。所以在开发这些地质多样性资源的过程中，要以可持续发展的理论作为指导，保持不同国家和地区的人群或同一国家不同代之间人群享受地质多样性资源的公平性，避免出现急功近利、重视开发而忽略保护等现象；要注意资源的分配；注意协调资源与人口、环境之间的关系；注意使经济增长与可持续发展的能力相适应，以及使经济效益、社会效益和环境效益相统一等问题，确实保证地质多样性资源开发与生态环境协调，实现社会的有序发展。因此，可持续发展理论在地质多样开发与保护方面具有非常重要的意义和作用。

四　系统科学理论

系统是客观存在于一定环境中的，由若干具有不同功能、相互

---

〔1〕 北京大学中国持续发展研究中心主编：《可持续发展之路》，北京大学出版社1995年版，第34页。

联系、相互作用的许多要素所构成的一个具有特定功能的整体。系统科学是以系统为研究对象，着重研究各类系统的关系、属性、开发模式、原理及规律的科学。它是在系统论、信息论和控制论的基础上，将系统看作一个整体进行研究，研究它的要素、结构和功能的相互联系，通过信息传递和反馈实现系统之间的联系，获得最优化的效果。其主要原理有反馈原理、有序原理和整体原理。系统科学研究的目的是为了使系统更好地达到其目标，从而对其构成要素，各要素间关联与互相作用的性质及程度、信息交换与控制机构等进行分析、设计与评价[1]。系统科学理论和方法已经广泛应用于自然科学、工程技术科学、社会科学等学科和领域。系统科学理论包括以下这些主要内容：

一般系统论认为，世界上一切事物、现象和过程几乎都是有机整体，且又都自成系统、互为系统；每个系统都是在与环境发生物质、能量、信息的交换中变化发展，并能保持动态稳定；系统内部及系统之间保持一种有序状态。现代系统论的研究领域已得到极大的扩展，成为研究一切客观现实系统共同的特征、本质、原理和规律的科学。

信息是人们适应外部世界，并且同外部世界进行交换的内容的名称，它普遍存在于人类社会中，是一切系统保持其结构、实现其功能的基础。信息论是美国数学家香农创立的，他认为系统正是通过获取、传递、加工与处理信息而实现其有目的的运转的。狭义信息论本是研究在通讯系统中普遍存在着的信息传递的共同规律，以及如何提高各信息传输系统的有效性和可靠性的一门通讯理论。随着科技的发展，信息的重要作用及其方法论的影响，信息论已经发展成了广义的概念，即运用狭义信息论的观点来研究一切问题的理论。

控制论的创始人维纳认为控制论就是在机构、有机体和社会中的控制和通讯的科学。其研究对象是控制系统，这类系统的特点是其要根据周围环境的某些变化来决定和调整自己的运动，而系统与环境之间及系统内部的通讯信息的传递，是实现系统目的的基础。

---

〔1〕 文朵：《系统科学理论与我国开发区的发展》，《中国高新区》2006 年第 2 期。

控制论是一门以揭示不同系统的共同的控制规律为理论目的的具有更普遍意义的理论，它从事物的质和量两个方面去发现各种控制系统的共同规律，并把反馈方法作为提高系统的稳定性、达到优化控制目的的有效方法。

总之，系统科学理论所包括的系统论、信息论、控制论，它们各有其相对独立的理论与观点，但它们之间又相互渗透、相互包容交叉、密不可分。系统科学理论为人们分析地质多样性系统与现象提供了一般方法论，对地质多样性理论的完善与实践运用的发展产生了重要影响。

把系统论与地质多样性理论相结合，用于指导地质多样性的科学研究、开发、保护与管理等实践活动，就产生了地质多样性系统论。从系统科学角度来认识地质多样性，地质多样性系统是一个多因素、多层次、多功能、复杂的开放巨系统。把地质多样性作为一个整体加以分析研究，其主要组成部分如地貌、土壤、生物、景观等内容构成地质多样性系统的要素。各要素之间存在着紧密的联系，并且具有特定的功能。任意一要素都在不同时空上与其他要素存在着相互影响和制约，任意一要素的结构、功能和行为都是地质多样性系统在局部的反映；其中某一要素的变化都会引起其他要素的响应，同时又是其他要素共同作用的结果〔1〕。因此，地质多样性系统要优化，不仅仅从某一方面来考虑，还应该从整个系统来考虑，协调好各要素之间的关系，使之相互谐调。因此地质多样性系统的功能，不仅决定于构成该系统诸要素所具有的功能，而且决定于诸要素相互之间的关系，即系统的结构。总之，系统理论为地质多样性的研究与开发提供了重要的思维方式和研究手段。

五　空间结构理论

空间结构理论主要是研究经济活动的空间组织和优化，包括农业区位论、工业区位论和中心地理论。它们分别研究农业、工业、城镇布局等经济活动的空间组织和优化。

农业区位论是德国经济学家杜能自己购置大量土地并经过潜心

〔1〕 孙九林：《地球系统科学理论与实践》，《地理教育》2006 年第 1 期。

经营和管理，最终在《孤立国同农业和国民经济的关系》一书中首次提出的。该理论根据地域差异安排农业生产，优化土地组合的思想，并系统地建立了农业区位的理论模式[1]。首先作者提出了一系列的假定条件：假如存在一个"孤立国"，内有一个位于中纬地区的城市，环绕它的是一片广阔肥沃的大平原，马车是唯一的运输工具，中心城市是唯一的市场，农民自行运送农产品，根据市场供求关系调整产品种类，市场的农产品价格、农业劳动者工资、资本的利息都固定不变，运费与运输的重量和距离成正比等等。在这些假设条件下，作者认为：距离城市远近的地租差异是决定农业土地利用方式以及生产专业化的关键因素，提出了以城市为中心呈同心圆状分布的农业地带理论，即著名的"杜能环"：第一圈为自由农业区，离城市和市场最近，生产提供易腐难运的副食品，例如蔬菜和鲜奶。第二圈是林业区，供应城市的木材及燃料。第三至第五圈为作物轮作区，分别为无休闲的谷物轮作带、带有长期休闲的多区轮作带和三田制农耕带。第六圈为放牧区，再向外便是荒野。此外，他还考虑到河流穿过等一些实际情况可能引起土地利用的变化，因此"杜能环"也可以沿河岸更替。杜能的农业区位理论假设条件过多，过于理想化，因而显得单薄，实际意义不大，但该理论在城市郊区产业配置、合理利用土地等方面的研究有重要的价值，并且给后来区位理论的发展提供了一条思路，成为区位理论的鼻祖。

工业区位论是德国经济学家韦伯先后在《工业区位理论：论工业区位》、《工业区位理论：区位的一般及资本主义的理论》中提出的。他也假如影响工业区位的只有经济因素；工业原料、燃料来源地已知；产品消费地已知；劳动力资源充足；劳动供应地已知；工资固定等等[2]。在这些假定条件下，他认为决定工业区位的主要因素是运费、劳动力费用以及聚集或分散三个因素，从而提出三条工业区位的基本法则[3]：第一，运输区位法则：影响工业区位的最主要的

〔1〕 中国科学院研究生院城乡建设经济系编：《城市经济学》，经济科学出版社 1999 年版，第 137 页。

〔2〕 同上书，第 138 页。

〔3〕 同上书，第 139 页。

因素是运输费用，因此，他提出原料指数（原料重量与单位重量之比）的概念。当原料指数大于1时，工业就应该布局在原料产地；当原料指数小于1时，工业就应该布局在消费地；当原料指数等于1时，工业即可在原料地、也可在消费地或在原料地与消费地之间的任意一点。第二，劳动区位法则：如果存在劳动费用低廉地区，当工厂迁移至此地区所产生的劳动成本节省远大于其迁移所增加的运输成本时，则工厂可以从运费最低点迁移到劳动费用低廉地区。第三，聚集或分散法则：当工业企业由于聚集或分散所获得的利益远大于其从运费最低点迁出所增加的运费时，则企业就可以进行聚集或分散活动。虽然工业区位论也是静态、孤立的分析，对影响工业布局的因素也考虑得比较简单，但该理论是第一个完整系统地描述工业区位的理论，一直是西方区域科学和工业布局的基本理论。他提出的投资效益分析也一直是工业区位论的出发点。

中心地理论是由德国地理学家克里斯特勒在对德国南部地区实地考察的基础上，在其著作《德国南部的中心地》一书中首次提出来的。他先假定研究的区域是平原；人口均匀分布，与外部不发生联系；利润原则起完全的支配作用等等。在这些假定条件下，他用"六边形"概括了城镇分布的规律。他认为：首先，城镇是区域的核心，应建立在周围乡村中心的地点，成为周围乡村中心地点。第二，城镇的基本功能是作为"腹地"的中心，并为其腹地提供商品和服务。按照所提供的商品和服务的档次，城镇也因此划分出不同的等级，各城镇之间构成一个有规则的层次系统。第三，城镇规模等级越低，数量越多，反之则越少。他还分析了"中心地"等级形成的条件主要取决于补充区域的大小。也即为"中心地"不仅吸引自己"中心地"的活动，还吸引周围六个次一级中心消费点〔1〕。具体受市场最优、交通最优、行政最优三个原则的制约。

人类在对地质多样性资源开发的过程中，必须用空间结构理论指导实践活动。其中用得最多的地质多样性资源有土地资源、矿产资源、景观资源等。在土地资源的开发中，关于农业土地资源的合

〔1〕 中国科学院研究生院城乡建设经济系编：《城市经济学》，经济科学出版社1999年版，第143页。

理配置与利用、城市土地资源的空间布局等，都需要用农业区位理论、中心地理论进行指导。在矿产资源的开发中，矿产资源开发企业的地点、规模、种类不仅与资源丰度有关，其工业企业的最佳空间布局等问题还需要工业区位论进行指导。在景观资源也即为旅游资源的开发中，关于旅游目的地与资源地之间的空间相互作用关系、旅游目的地城镇的内部空间结构的优化以及城镇的布局等问题，仍然需要用到区位理论及中心地理论的理论基础。所以，空间结构理论在地质多样性资源的开发、规划、空间布局、最佳效益等方面有着重要的理论指导意义和作用。

第五章

地质多样性的评价

第一节　地质多样性评价概述

一　地质多样性评价的目的

地质多样性的评价是在地质多样性调查的基础上，对地质多样性各表现形式的数量、规模、质量、特性、分布、价值与功能、地质基础、开发条件等进行科学的分析，为地质多样性资源的合理开发、利用、保护与管理等提供决策和科学依据。因此，全面、科学、系统的评价区域地质多样性是区域资源综合开发的重要环节。

地质多样性评价的目的主要包括以下几个方面[1]：

〔1〕 马勇、李玺编著：《旅游规划与开发》，高等教育出版社 2002 年版，第 83 页。

（一）通过对地质多样性资源的数量、质量、特性、价值、开发条件等的评价，为区域地质多样性的开发提供科学依据。

（二）通过对地质多样性的规模水平的鉴定，为区域或国家地质多样性资源分类、分级、规划、管理等提供系统资料和对比的标准。

（三）通过对区域地质多样性资源的综合评价，为发挥区域资源优势、整体优势等提供可行性论证，为确定资源开发的建设顺序提供依据。

（四）通过对地质多样性的评价，还为区域地质多样性保护与管理提供依据。地质多样性评价既包括对一个地区的地质多样性的种类或丰度的评价，又包括对同一地区在不同时间段与范围内地质多样性的变化情况的监测。

二　地质多样性评价的原则

（一）客观实际的原则

地质多样性是客观存在的事物，其表现形式、特征、价值与功能、开发与保护等都是客观存在的。评价时应该从实际出发，既不夸大也不缩小，应该做到实事求是，恰如其分[1]。

（二）全面系统的原则

地质多样性是地质、地理及其形成过程的地域综合体，具体表现在化学元素、矿物、岩石、地形地貌、土壤、生物、景观等各方面；另外，从它的价值与功能来看，也具有固有价值、经济价值、功能价值、文化和审美价值、科学研究和教育价值等等；从它的开发与保护的模式来看，也会因地域不同而有差异。因此，在对地质多样性进行评价时，要全面、系统、综合的考虑。

（三）高度概括的原则

地质多样性评价过程中，涉及的内容很多，评价结论应该明确、精练，高度概括出其组成、特色、价值和功能等内容。

（四）力求定量的原则

地质多样性的评价应尽量减少主观色彩的定性评价，力求定量评价。对不同地区的地质多样性的评价应采用同一评价方法和评价

---

〔1〕 刘南威主编：《自然地理学》，科学出版社2000年版，第123页。

指标，这样才能使评价结果具有可比性。

三　地质多样性的评价体系

地质多样性的表现形式多样，具有系统性的特点，因此，它的评价体系分为各表现形式单体评价和地质多样性的综合评价两大部分。关于地质多样性的单体评价，包括对元素、矿物、岩石等成因因素的评价，也包括对地貌、土壤、生物、景观等表现形式的评价。从评价方法来看，有的以定性描述为主，如地貌这种表现形式；而土壤、生物、景观等表现形式的评价既有定性评价，又有定量评价，还有定性与定量相结合的评价方法等。关于地质多样性的综合评价，是一个复杂的系统工程，需要定量评价才能有效地完成。关于地质多样性评价指标体系的建立方法：对于其单体的各项的评价宜采用第一种方法，即分项统计法；对于其综合评价，宜采用定量模型方法。地质多样性评价体系详情见图 5-1。

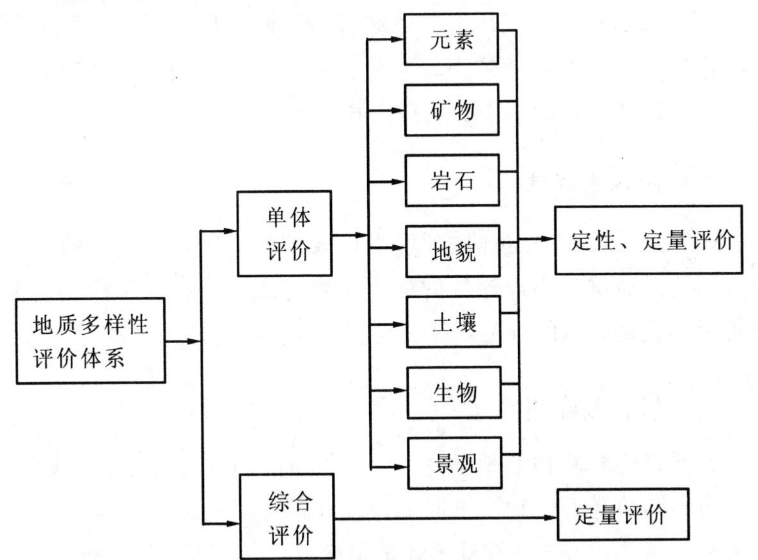

图 5-1　地质多样性评价体系框架图

Fig 5-1　The frame map of the Geodiversity's valuation system

第二节　地质多样性的单体评价

从地质多样性的外在表现形式来看，其单体评价包括对元素、矿物、岩石、地貌、土壤、生物、景观等方面的评价。

一　元素多样性

元素是形成地壳最基础的物质，所以应该首先对它进行单独评价。评价的指标主要有以下三个：

(一)元素的种类：一般说来，元素的种类越多，表示其多样性越丰富。

(二)元素的丰度：是指化学元素在地壳中的平均含量。平均含量越高，丰度值越高，也说明其多样性越丰富。

(三)元素的分布：元素在地球表面不同区域、不同深度上分布是不均匀的。有些含量微小的元素在一定地段富集，也能形成有用的矿产。因此元素的集中度越高，其多样性越丰富。

二　矿物多样性

矿物是元素在一定地质环境下形成的，是地壳最基本的构成单元，因此是地质多样性评价的最主要内容之一。矿物多样性的主要评价指标就是矿物的种类，种类越多，其多样性即越丰富。

三　岩石多样性

岩石是造岩矿物在地质作用下形成的具有一定产状的地质体，也即为不同的造岩矿物、不同的地质作用、不同的产状形成了不同的岩石。因此，岩石多样性的评价指标就包括以下三个方面：

(一)造岩矿物：最常见的造岩矿物有长石、石英、云母、角闪石、辉石、橄榄石、方解石、白云石等等，它们常见于岩浆岩、沉积岩和变质岩中，对地壳各种岩石的形成起到关键的作用。因此，这些主要造岩矿物的种类及数量，也是反映该地岩石多样性的一个重要指标。

（二）地质作用：在前面阐述地质多样性的理论时，就谈到根据地质作用发生范围的不同，分为地表动力地质作用和岩石圈动力地质作用两大类。其中地表动力地质作用包括风化作用、剥蚀作用、搬运作用、沉积作用和硬结成岩作用；岩石圈动力地质作用包括构造运动、岩浆作用和变质作用三种类型。如果某一地区在岩石形成过程中经受的地质作用类型越多，其形成的岩石就越丰富多样，因此，地质作用成为岩石多样性判断的主要指标之一。

（三）产状：产状包括结构、构造两个方面，是识别岩石的重要特征之一。岩石的结构和构造越复杂，说明该地区的岩石种类越丰富多样。下面对三大类岩石的常见岩石、矿物成分、结构和构造进行简单对比说明。详情见表 5-1。

表 5-1　岩浆岩、沉积岩和变质岩常见岩石、矿物成分、结构和构造

Table 5-1　Common rock, felit, structure of magma rock sedimentary rock and metamorphic rock

	岩浆岩	沉积岩	变质岩
常见岩石	花岗岩、玄武岩、安山岩、流纹岩	页岩、砂岩、石灰岩	片麻岩、片岩、千枚岩、大理岩等
矿物成分	石英、长石、云母、角闪石、橄榄岩、辉石等	除石英、长石外，富含黏土矿物，如方解石及有机质等	除石英、长石、云母外，常含变质矿物如滑石、硅灰石等
结构	粒状、似斑状、斑状等结晶结构，部分隐晶质、玻璃质	碎屑结构、泥质结构、化学岩结构	粒状、鳞片状变晶结构
构造	多为块状构造。喷出岩常具气孔、杏仁、流纹等构造	水平、倾斜、交错各种层理构造，常含生物化石	片理构造：片麻状、条带状等块状构造

资料来源：刘南威主编：《自然地理学》，科学出版社 2000 年版。

以上三项对地质多样性成因因素的评价，基本上以直接评价为主。从定性与定量评价方法来看，除了对元素的分布、岩石的产状两大内容用定性评价以外，其余的都采用定量评价的方法。但由于评价的内容相对较单一，因此只用到简单的定量评价，例如种类等等。

下面关于地质多样性表现形式的评价，由于每种形式包括的内容多、影响的因素复杂，所以评价的指标体系、评价方法也相应复杂。下面依次进行介绍。

四　地貌多样性

地貌是长期在内外力综合作用下形成的，关于地貌类型的划分，学界目前并无统一的标准和完整的系统。但根据地貌制图实践的研究和发展，可以总结出地貌分类的以下基本原则，第一：形体成因原则。也就是把地貌成因与形体有机结合起来，为划分地貌类型、研究地貌组合和进行地貌区域划分提供客观的标准。第二，等级系统原则。地貌类型的等级是根据各个地貌的形体成因特点，规模大小及发生顺序和相互关系区分出不同的地貌等级顺序，参照具体的形体、成因、物质组成、构造因素、发育阶段等指标建立地貌分类系统，即一般从高一级向低一级(从大到小)逐级分类，高一级包括低一级的类型单元，各级之间有明确的相互关系。[1]

综合分析上面的两大原则，地貌多样性的评价指标可以分为地貌形体数量指标、物质组成指标以及成因指标三大类。详情见表 5-2。

表 5-2　地貌多样性评价指标体系表

Table 5-2　valuation system form of the Landform-diversity

评价对象	影响因素	具体评价指标
地貌多样性评价指标体系	形体数量指标	高度
		底平面形状与面积
		坡向与坡度
	物质组成指标	岩石质
		蚀空的
		松散堆积物
	成因指标	内动力
		外动力

(一)构成地貌的最基本的形体数量指标，一是高度，即绝对(海

〔1〕 林爱文主编：《自然地理学》，武汉大学出版社 2008 年版，第 54 页。

拔)高度与相对高度；二是底平面形状与底平面面积；三是地表面的倾斜方位与倾斜程度(坡向与坡度)。高度是山地、丘陵、高原、盆地、平原等地貌形体分类及其等级划分的基本要素。地貌形体的平面形体及其面积(规模)是地貌分区及区划的基本依据。[1]

(二)构成地貌的物质组成指标，可以分为岩石质地貌、蚀空的地貌、松散堆积物组成的地貌三大类[2]。

(三)形成地貌的成因指标可分为内动力地貌和外动力地貌。内动力地貌包括"新构造"地貌、火山地貌、热液活动地貌；外动力地貌又可分为剥蚀地貌、河流地貌、侵蚀—剥蚀地貌、冰水地貌、岩溶地貌、管道侵蚀地貌、冰川地貌、雪蚀和霜冻地貌、热岩溶地貌、风沙地貌、海洋与湖泊地貌、生物地貌、人为地貌等。[3]

五　土壤多样性

由于土壤没有明确的个体界限和固有的基因差异，因此认识、利用土壤的角度和目的不同，由此产生不同的分类标准和分类系统。目前，影响较大的有"发生学"和"诊断学"两大分类体系。发生学强调土壤与形成环境和地理景观之间的相互关系，以成土因素及其对土壤的影响作为土壤分类的理论基础，同时也结合成土过程和土壤属性作为分类的依据。诊断学则侧重于土壤本身的特征和属性，以土壤具有的一些可以直接感知、量测和分析的具体指标作为分类的依据[4]。

因为在这里关于土壤多样性的评价是放在地质多样性的评价体系中的，所以可以暂时不考虑土壤与其他地理环境之间的相互关系，而单纯的以土壤本身的特征和属性作为分类的依据和评价的指标。综合分析土壤的特征、构造和属性，其评价指标可以分为以下几种(详情见表5-3)：

(一)土壤的形态特征指标：具体包括颜色、质地(土壤颗粒大小及组合情况)、结构(土壤中的固体颗粒形成的各种团聚体的结合状

[1] 林爱文主编：《自然地理学》，武汉大学出版社2008年版。

[2] 杨国良：《华中区自然景观分类研究》，《四川师范学院学报》(自然科学版)1999年第3期。

[3] 林爱文主编：《自然地理学》，武汉大学出版社2008年版，第54页。

[4] 同上书，第56页。

况)、孔隙和松紧度(表示土体的紧实或疏松的程度)等指标。

(二)土壤中其他物质含量指标：具体包括土壤中水量、有机质、土壤胶体、新生体、外来侵入体等等。

(三)土壤的剖面构造特征指标：土壤剖面是从地面向下一直到母质层的垂直断面。在形态和性质上来看是由各不相同的土层组合而成的。土壤剖面从上向下，依次有枯枝落叶层、腐殖质淋溶层、淀积层、母质层等土层。除上述基本层次以外，还再分了一些亚层。不同的区域，土壤剖面的总厚度、各层的厚度、土层的种类是有很大差异的，这主要取决于成土条件、成土过程持续的时间及其历史等因素。因此，土层的种类、厚度可以作为土壤发育程度的一种标志。一般说来，土层越厚、土层种类越多，说明土壤发育程度也越高，土壤的多样性也就越丰富。

表 5-3　土壤多样性评价指标体系表

Table 5-3　valuation system form of the soil-diversity

评价对象	影响因素	具体评价指标
土壤多样性评价指标体系	形体特征指标	颜色
		质地
		结构
		孔隙
		松紧度
	物质含量指标	水量、有机质
		土壤胶体
		新生体、侵入体
	剖面构造指标	剖面总厚度
		土层种类
		各土层厚度

六　生物多样性

地球上的各种生物都是由许多个体组成的，同一种生物个体的集群称作种群。另外，地球上任何生物都不是孤立存在的，不同生物的种群组成的集合体就构成了群落。在全面分析和了解地球生物知识的基础上，可以选出以下关于生物多样性的评价指标：

（一）生物个体：包括个体的种类和数量两个方面。

（二）生物种群：具体指标包括种群的大小（某种生物在一定空间中个体数目的多少）、种群的密度（在单位空间中个体的数目叫做种群的密度）；种群的年龄结构（种群是由不同年龄的个体组成的）等。

（三）生物群落：关于生物群落的指标主要包括群落的种类成分、垂直结构和水平结构三个方面的内容。每个群落是由一定的生物种所组成的，不同类型的群落具有不同的生物种类。一般看来，环境条件越优越，群落发育的时间越长，生物种的数目越多，群落的结构越复杂。群落的垂直结构主要是指成层现象，从上到下一般分为乔木层、灌木层、草木层、地被层四个层次。

表 5-4　生物多样性评价指标体系表

Table 5-4　valuation system form of the biodiversity

评价对象	影响因素	具体评价指标
生物多样性评价指标体系	生物个体指标	个体种类
		个体数量
	生物种群指标	种群大小
		种群密度
		种群年龄结构
	生物群落指标	种类成分
		垂直结构
		水平结构

关于地貌多样性、土壤多样性、生物多样性的评价方法，既可以对以上各自的指标体系进行定性的描述；也可以根据以上各自的指标体系，给每个指标赋予一定的权重，然后通过对每个指标进行具体的打分，最后用层次分析法求出总分进行定量的评价。

七　景观多样性

关于景观多样性的评价，实际上是一个系统的、综合评价，具体评价的内容也包括地质基础、地形、气候、土壤、生物以及人类活动几个方面，并且人类活动还影响前面五个方面的内容（图 5-2）。

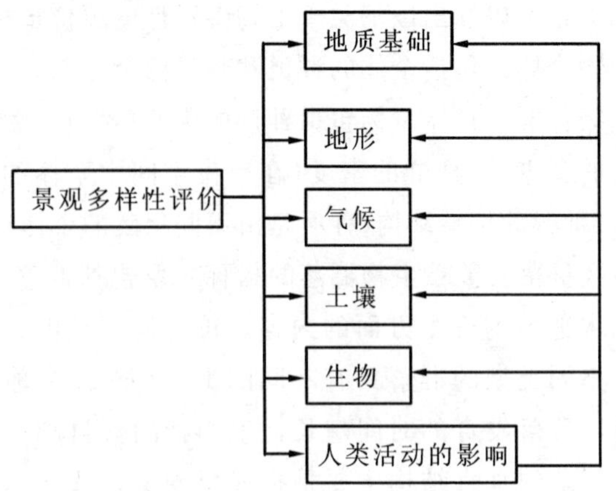

图 5-2 景观多样性评价体系框架图

Fig 5-2 The frame map of the Landscape-diversity's valuation system

第三节 地质多样性的综合评价

一 地质多样性综合评价的内容

地质多样性综合评价是指对评价区域范围内所有的地质多样性资源的整体情况进行综合评价。评价内容大致包括三个大的方面：即区域地质基础评价；地质多样性表现形式评价；地质多样性资源开发条件评价。

(一)区域地质基础评价

地质多样性资源评价最基础且又是最关键的评价内容就是对评价区域的地质基础条件进行评价。由地质学的研究对象所决定[1]。区域地质基础评价应包括以下内容：

1. 岩石与矿产

地球上的化学元素按照一定的形式组合形成各种矿物；而多种

---

〔1〕 阎军印、李彩华、栾文楼等：《区域矿产资源竞争力评价模型构建》，《石家庄经济学院学报》2008 年第 3 期。

矿物在地壳中以集合体的形态形成各种岩石。地球上的岩石有三大类：岩浆岩、沉积岩、变质岩。岩浆岩是由硅酸溶浆凝结而成的，是地壳的主体；沉积岩是早先形成的岩石再次硬化形成的层状结构的岩石，也是最常见的岩石；变质岩是在温度、压力发生变化时，岩石的结构、构造、化学成分发生变化而形成的一种岩石。

矿产是从自然界中提取出的能被人类利用的资源，是社会经济可持续发展的基本物质保证。但同时多数矿产资源又是不可再生的资源，所以如何合理的开采和保护这些有限的资源是地质多样性评价的基础条件之一。一个地区的矿产资源的拥有量、质量状况、潜在价值大小、开发利用水平、竞争力强弱等等，将影响和决定一个地区的主导产业的确立，从而决定着该地区未来经济发展的竞争态势。矿产资源竞争力是指将矿产资源优势转化为经济优势的能力。优势矿产资源主要是指那些自然禀赋好的矿产，其矿产资源本身所固有的自然特征，决定了矿产资源开发难易程度，是影响矿产资源竞争力最重要的因素。标志矿产资源自身禀赋特征的要素主要有矿产资源储量、经济潜力、种类及质量、资源集中程度等〔1〕。

2. 地层和构造

地表沉积岩的分层，是地质历史的重要记录。一般情况下，依照沉积的先后，早形成的地层居下，晚形成的地层在上，这是地层层序关系的基本原理。在同一时间，在不同的环境中形成的地层各有特点。在隆起部位，不仅不能形成新的地层，还因为剥蚀使已经形成的地层消失。研究地层结构的地层学是研究各地区地层的划分，确定地层的顺序和相邻地区地层在时间上的对比关系的专门学科〔2〕。它是地质学的基础，也是地质学中最早形成的学科。

岩层具有复杂的空间形态，其中褶皱和断层是地质构造的最基本形式。褶皱是成层岩石中的层面或各种面理因塑性变形而产生的弯曲现象，按照褶皱轴面和两翼产状可分为直立、斜歪、倒转、平卧、翻卷五种形态；根据转折端形态可分为圆弧、尖棱、箱状、扇

---

〔1〕 阎军印、李彩华、栾文楼等：《区域矿产资源竞争力评价模型构建》，《石家庄经济学院学报》2008 年第 3 期。

〔2〕 李伟、杨世瑜著：《旅游地质文化论纲》，冶金工业出版社 2008 年版，第 223 页。

形和桡曲褶皱。断层是发生明显位移的断裂，按照断层两盘的相对运动可分为正断层、逆断层、平移断层和复合运动断层四种。如果按照这种划分方式，这两种构造形式一共有 11 种类型。

3. 古生物

古生物是指在地质历史时期，曾经生存过的各类生物，它们的遗体或遗迹大多以化石的形式保存在地层中。通过对这些化石的研究，不仅可以了解历史上生物的形态、构造、活动情况、演化关系；还可以借其判定地层的层序，反映古地理、古气候、地球的演变、生物的进化等等；另外，有些特殊的化石本身也具有极高的美学欣赏价值和收藏价值，也是一种重要的地质旅游资源和旅游商品资源。因此，古生物是研究地质学的重要组成部分，也是地质多样性基础评价的主要内容之一。

4. 地质作用

岩层在形成过程中或形成以后，可能受到各种地质作用力的影响而产生变形。“板块运动”理论认为，地壳表层发生位移、出现断裂、褶皱以及所引发的地震、岩浆活动和各种变质作用(统称为内力地质作用)改变着地壳的构造，也为地貌的形成奠定基础[1]。内力地质作用具体可以划分为构造运动、岩浆作用和变质作用三种类型。同时岩层还受到“水圈”、“大气圈”、“生物圈”的作用和影响而发生变形，称为外动力地质作用。它具体包括风化作用、剥蚀作用、搬运作用、沉积作用和硬结成岩作用。总之地质作用是地质多样性形成的根本动力因素，在评价指标中是必不可少的。

(二)地质多样性表现形式评价

地质多样性的评价内容除了地质基础评价以外，还有地质多样性的外在表现形式是否多样化这样的问题。其表现形式评价主要包括地貌多样性、生物多样性和景观多样性三方面的内容。特别是第三方面景观多样性的内容。因为景观包含有很多方面的内容，例如：各种地质遗迹、地质构造、地貌、古生物化石、生物等等。

(三)地质多样性资源的开发条件评价

1. 经济条件

地质多样性资源的开发包括的内容广泛，例如风景资源、矿产

---

〔1〕 刘南威主编：《自然地理学》，科学出版社 2000 年版，第 56 页。

资源、生物资源、岩石的开发等等，都与相关地区的经济发展息息相关，另外这些资源的开发也会进一步促进相关地区经济的发展，所以在评价地质多样性资源时，必须对当地的经济条件进行评价。一般来说，经济越发达的地区，资源开发的投资实力也越强。例如：中国东部沿海地区人口密集、经济实力雄厚，为地质多样性资源的开发提供了良好的经济基础条件。而同样的风景资源在中国西部地区，可能由于经济条件相对落后而造成无力开发或待经济发展到一定程度后再开发。最能反映地区经济发展水平的两个指标是国内生产总值、社会消费品零售总额。

2. 社会条件

社会条件是指资源所在地的社会基础设施投资状况、人口受教育水平、政治局势、社会治安、民风民俗、发展历史、发展战略、政策制度等内容。稳定而良好的外部社会环境有利于地质多样性资源的开发。例如，加入欧洲联盟的国家大多不仅经济实力雄厚，更重要的是各成员国之间政治关系稳定融洽，为地区的地质多样性资源的开发与保护提供了很好的外部环境，因此该区域地质多样性资源的开发与保护工作和科学研究工作水平应该说是居于世界前列。社会投资状况和人口受教育水平是影响地质多样性资源开发与保护的最基本的影响因素，并因此影响其他的因素。反映社会投资状况的最好指标是社会投资总额，而反映人口受教育程度的指标则有，每万人中拥有大学生人数、大学入学率等等。

3. 交通条件

交通条件是开发地基础设施条件中最为重要和关键的一个条件。它影响地质多样性资源开发可行性、开发规模和开发效益等内容，因此是地质多样性资源评价的重要内容之一。

二　地质多样性综合评价的指标体系

(一)指标体系

指标体系是能够较全面反映事物特征信息的各方面标志组成的结构系统。一般说来，指标体系具有以下三个方面的作用：第一，它能够描述事物在一段时期内各方面的发展水平及现状；第二，它能够监测事物的发展速度和趋势；第三，它能够衡量事物整个系统与各子系统之间的协调程度[1]。

(二)地质多样性评价指标体系建立的原则

选择地质多样性评价指标应遵循以下的原则：

第一，科学性原则。指标的选取应建立在对地质多样性充分认识、深入研究的基础上，要能够客观反映地质多样性的本质特征和质量水平。选取的指标应概念清晰、内涵准确、目的明确，指标之间既要有内在联系，又要避免重复。

第二，规范性原则。选取的指标应使用国内外公认、常见的指标及计算方法，指标要标准化、规范化，避免使用不常见、难以统计的指标。这样使数据资料易得、计算方法简单，也便于比较[2]。

第三，代表性原则。选择指标时，应选取最能直接反映地质多样性本质特征的指标，排除一些与主要特征关系不密切的从属指标，使指标体系具有较高的代表性。

第四，综合性原则。地质多样性是一个复杂的巨系统，指标体系应具有综合性，全面反映各子系统如元素、矿物、化石、土壤、地貌等子系统的主要属性及其相互关系。既能反映局部的、当前的和单项的特征；又能反映全局的、长远的和综合的特征，既有微观指标，又有宏观指标[3]。

第五，实用性原则。所选指标的数据要容易采集、便于更新、综合性强，并且具有较强的可操作性。

(三)指标体系的建立方法

建立指标体系有两种基本方法：一是分项统计法，即针对每一发展要素，确定达到的标准，分析现状，确定其与标准的距离；二是定量模型方法，首先确定一个发展目标，然后通过定量模型确定发展现状水平及其与目标的差距[4]。

---

〔1〕 程道品编著：《生态旅游开发模式及案例》，化学工业出版社2006年版，第74页。

〔2〕 李伟、杨世瑜著：《旅游地质文化论纲》，冶金工业出版社2008年版，第223页。

〔3〕 林爱文主编：《自然地理学》，武汉大学出版社2008年版，第56页。

〔4〕 程道品编著：《生态旅游开发模式及案例》，化学工业出版社2006年版，第74页。

(四)地质多样性资源评价指标体系

1. 建立评价模型树

根据以上地质多样性评价的内容，即包括区域地质基础评价、地质多样性表现形式评价、地质多样性资源开发条件评价等三个主要方面的具体内容，再把它们分为岩石与矿产、地层和构造、古生物、地貌、生物、景观、经济条件、社会条件、区位条件九个要素。各要素又受众多的次一级因子的影响，因此形成一个多层次、多级别的复杂巨系统。现在以上基础上构建评价模型树，见图 5-3：

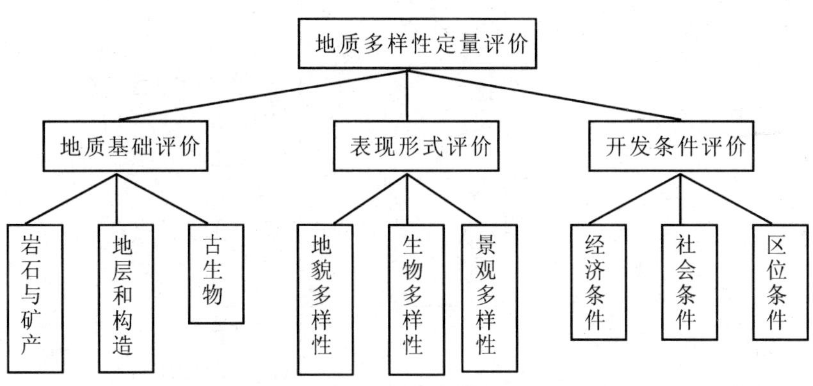

图 5-3　地质多样性模糊评价模型

Fig 5-3　The model of the geodiversity's valuation system

2. 建立评价因子体系

由于地质多样性包括多个方面的具体内容；本着遵循科学性、规范性、代表性、综合性、实用性等的原则；在前面关于地质多样性的单体评价指标的基础上；并应用德尔菲法征集了许多专家的意见，建立了以下地质多样性的评价因子表。其具体的影响因子较多，总共达到 18 个。这 18 个影响因子详情见表 5-5。

本书在接下来对地质多样性资源进行综合评价时，不论用哪种方法，都是用的这一套评价指标体系。

随着社会的发展，综合评价已渗透到社会的各个领域，评价方法也日趋多样化、复杂化并逐渐向定量化方向发展。定量方法是将欲研究的事物数量化，即将影响评价的各个因素用一定的数学方式表达和运算出来[1]。地质多样性的定量评价方法主要有：模糊评价法、系统聚类评价法、层次分析法、经验指数和法、经验指数乘积开方法等等。本书着重介绍模糊评价法和系统聚类评价法。

表 5-5　地质多样性模糊评价因子

Table 5-5　The factor form of the geodiversity's valuation system

评价综合层	评价要素层	评价因子层
地质基础评价	岩石与矿产	岩石的种类
		岩石的年代类型
		矿产的种类
	地层和构造	地层的种类
		地层的年代类型
		构造的类型
		构造的规模
表现形式评价	地貌多样性	地貌的高度
		坡向与坡度
		地貌的类型
	生物多样性	动物种类
		国家保护动物种类
		植物种类
		国家保护植物种类
	景观多样性	景观的类型
开发条件评价	经济条件	国内生产总值
	社会条件	社会投资总额
	区位条件	公路网密度

三　地质多样性综合模糊评价法

模糊评价是利用模糊集合理论进行评价的一种方法，由美国系统工程科学专家 L. A. Zadeh 首先提出模糊集合的概念和模糊集合

〔1〕 陈涛：《灰色多层次综合评价模型建立及应用》，《大庆师范学院学报》2008 年第 9 期。

的运用，从而为模糊数学的发展奠定了基础[1]。由于这一方法更接近于东方人的思维习惯和描述方法，因此近年来模糊数学在中国亦得到了极大的发展，并且渗透到社会科学和自然科学的许多分支学科中来，并且能够成功的对社会经济系统及工程技术进行评价。

由于地质多样性资源系统是一个多因素、多方面耦合的复杂系统，它既是一个“模糊系统”，又是一个“灰色系统”。如果只是人为地进行定性的分析，含有较大的随机性和不准确性。模糊评价法是一种半定量的数学方法，采用这种方法对地质多样性资源系统进行综合评价，能够弥补人为定性分析的不足，提高地质多样性资源综合评价结果的可信度，具有一定的合理性及优越性[2]。

(一)模糊的概念及度量

日常生活中，人们描述某个人的身高时常用“高个子”或“矮个子”等语言来描述，虽然描述中并未确指人的身高的实际尺寸，但听者往往已大致了解被描述者的状况，并且很容易依据这些模糊的特征来确定此人。这种描述的不确定性就是模糊性。为了定量地刻画模糊的概念，现用隶属函数 A 来表示，如对身高 $A=(1/180,\ 0.5/175,\ 0.2/170,\ 0/165)$，表示身高 180 厘米为高个子，175 厘米身高者为高个子程度的 0.5 等等，以此类推，用隶属度来表征模糊性[3]。

(二)模糊判别原理

模糊判别是根据多变量对事物进行评价的一种方法，可以用数学公式表示如下：$A*R=B$，式中：A 为输入，它是由参加评价因子的权重经过归一化处理得到的一个由 a_i 组成的$(1\times m)$阶行矩阵；R 为模糊变换器，它是由各变量对各等级标准因子的隶属度 r_{ij} 组成的一个$(m\times n)$阶模糊关系矩阵；B 为输出，是综合评判的结果，是一个由 b_i 组成的$(1\times n)$阶行矩阵，其中 m 称为评价因子数，n 为评

---

〔1〕 余华、王丽华编著：《旅游规划学》，东北财经大学出版社 2005 年版，第 225 页。

〔2〕 刘洪、张宏斌：《江苏省矿山地质环境质量的模糊评价》，《中国地质灾害与防治学报》2007 年第 4 期。

〔3〕 陈伟伯、任秀芳、李腾龙：《模糊评价法在国家奖助学金评定工作中的应用》，《人才培养》2007 年第 6 期。

价等级个数[1]。

(三)地质多样性综合模糊评价

进行地质多样性资源综合模糊评价，需采取以下步骤：

1. 选择评价因子

根据前面论述的地质多样性综合评价的内容以及各单体评价的指标因子，建立以上的地质多样性的评价因子系统(表 5-5)，从而确定 18 个影响因素，给出评价因素集。即 $U=\{U_1, U_2, \cdots, U_{18}\}$，其中：$U_1$，$U_2$，…，$U_{18}$代表评价指标因子。

2. 确定质量等级集

$V=\{V_1, V_2, V_3\}$，其中：V_1、V_2、V_3分别代表地质多样性资源的质量等级：差、较好、优三个等级。

3. 评价因子的标准化

为了满足模糊综合评判运算的要求，需要对上述各评价因子进行定量化。根据各影响因子对地质多样性的影响程度，结合有关类似问题的处理方法，将上述综合评判因素集中的各因子，按照差、较好、优三个质量等级分区进行标准化取值。具体见表 5-6、表 5-7。然后对各单元这些非连续变化的定性评判指标进行离散化赋值[2]。

4. 确定隶属度函数

隶属度是反映评价指标隶属于地质多样性的程度，一般由隶属度函数来确定。根据其他学者的有关隶属度函数构造的经验，针对地质多样性的影响因素、因子构成特征以及各因素相互之间的关系，构造了半梯形分布的隶属度函数[3]，如下：

$$Y_i=\begin{cases}0 & X\leqslant X_1\\ \dfrac{X-X_1}{X_2-X_1} & X_1<X<X_2\\ 1 & X=X_2\\ \dfrac{X-X_2}{X_3-X_2} & X_2<X<X_3\\ 0 & X\geqslant X_3\end{cases}$$

---

〔1〕 余华、王丽华编著：《旅游规划学》，东北财经大学出版社 2005 年版。

〔2〕 刘洪、张宏斌：《江苏省矿山地质环境质量的模糊评价》，《中国地质灾害与防治学报》2007 年第 4 期。

〔3〕 同上。

Y_i，第 i 种因子对应于 X_1 或 X_2 所规定的那一级标准的隶属度；

表 5-6　地质多样性模糊评价因子一览表

Table 5-6　Evaluation indexes for geodiversity's evaluation

评价因子	差	较好	良好
岩石的种类	三大类岩石只含其中一种，种类少于 20 种	三大类岩石含其中 2 类，种类有 20 至 50 种	三大类岩石都有，种类总数多于 50 种
岩石年代类型	在 18 个系中，只包括其中 5 个系的年代	在 18 个系中，包含其中 5 至 10 个系的年代	在 18 个系中，包含其中 10 个以上系的年代
矿产的种类	20 种	20 至 40 种	大于 40 种
地层的种类	少于 5 个	6 至 10 个	多于 10 个
地层年代类型	在 18 个系中，只包括其中 5 个系的年代	在 18 个系中，包含其中 5 至 10 个系的年代	在 18 个系中，包含其中 10 个以上系的年代
构造的类型	少于 4 种	5 至 8 种	多于 8 种
构造的规模	数量少，规模小	数量规模适中	数量规模较大
地貌的高度	地形起伏和缓，相对高差小	地形起伏较大，相对高差较大	地形起伏大，相对高差大
坡向与坡度	坡度变化小于 10 度	坡度变化 10 至 30 度之间	坡度变化大于 50 度
地貌的类型	山地、丘陵、平原、盆地、高原、水域，只其中 1 至 2 种	含 6 种地貌中的 3 至 4 种	含 6 种地貌中的 4 种以上
动物种类	少于 400 种	400 至 800 种	多于 800 种
保护动物种类	少于 30 种	30 至 80 种	大于 80 种
保护植物种类	少于 30 种	30 至 80 种	大于 80 种
植物种类	少于 500 种	500 至 800 种	大于 800 种
景观的类型	类型比较单一、数量较少	类型和数量都较多	类型和数量都很丰富
国内生产总值	低于 500 亿元	500 亿至 800 亿元	高于 800 亿元
社会投资总额	低于 100 亿元	100 亿至 200 亿元	高于 200 亿元
公路网密度	少于 80 公里/百平方公里	80 至 120 公里/百平方公里	大于 120 公里/百平方公里

表 5-7　地质多样性模糊评价因子标准化取值表

Table 5-7　Standard value of indexes for geodiversity's evaluation

评价因子	差	较好	优
岩石的种类	0.7	0.3	0.05
岩石年代类型	0.7	0.4	0.1
矿产的种类	0.6	0.3	0.05
地层的种类	0.7	0.3	0.1
地层年代类型	0.5	0.2	0.05
构造的类型	0.8	0.3	0.05
构造的规模	0.8	0.4	0.05
地貌的高度	0.6	0.3	0.1
坡向与坡度	0.5	0.2	0.1
地貌的类型	0.8	0.3	0.05
动物种类	0.6	0.4	0.1
保护动物种类	0.5	0.3	0.1
保护植物种类	0.5	0.3	0.1
植物种类	0.8	0.4	0.05
景观的类型	0.7	0.3	0.05
国内生产总值	0.3	0.2	0.1
社会投资总额	0.5	0.3	0.1
公路网密度	0.5	0.3	0.1

X，第 i 种因子的实测值；X_1、X_2，某指标相邻两级质量标准值。根据这个式子可计算出任一评价单元的各因子对各等级因子标准的隶属度，从而建立起模糊关系矩阵。

隶属度模糊子集表的构造过程为对于每一评价指标，首先由不同的语言变量对其优劣程度进行模糊化评判，把输入量视为语言变量，变量的档次因指标而异。属度函数可以以连续函数形式出现，也可以以离散的量化等级形式出现并以各档次语言变量为列，以 3 个评价等级为行，直接根据专家经验和概率分布的原理得到隶属度模糊子集表[1]。

利用确定的隶属函数对诸因素进行评价，其结果为评价集 V 的模糊子集，对于第 i 种因子，其评价集为：

$$R_i = \{R_{i1}, R_{i2}, R_{i3}\}$$

式子中：i 表示岩石的种类、岩石的年代类型、矿产的种类、地层的种类、地层的年代类型、构造的类型、构造的规模、地貌的高度、坡向与坡度、地貌的类型、动物种类、国家保护动物种类、国家保护植物种类、植物种类、景观的类型、国内生产总值、社会投资总额、公路网密度 18 个评价指标。因 U 与 V 存在模糊关系 R，所以有：

$$R = \begin{bmatrix} r_{1.1} & r_{1.2} & r_{1.3} \\ r_{2.1} & r_{2.2} & r_{2.3} \\ \cdots & \cdots & \cdots \\ r_{18..1} & r_{18.2} & r_{18.3} \end{bmatrix} = (r_{i,j})_{18\times 3}$$

5. 建立评价因子权重

在模糊综合评价中，权重是体现各因素对评价目标重要性程度的数值，具有权衡比较不同评价因子间差异程度的作用，有助于突出主要因素的作用，提高评价结果的准确性。

这里提出采用层次分析法计算各项指标权重，是因为 AHP 法把一个复杂的问题表示为有序递阶层次结构，通过进行两两比较、判断、确定层次中诸因素的相对重要性[2]。AHP 的基本方法与步骤是：

第一，分析系统中各因素之间的关系，建立系统目标层、准则层、指标层的递阶层次结构。

第二，对同一层次的各元素关于上一层次中某一准则的重要性进行两两比较，对重要性赋值，构造两两比较判断矩阵，假定一个目标 U 各影响因素 $P_i(I=1, 2, 3, \cdots, n)$ 的重要性分别为 $Wi(I=$

---

〔1〕 陈伟伯、任秀芳、李腾龙：《模糊评价法在国家奖助学金评定工作中的应用》，《人才培养》2007 年第 6 期。

〔2〕 刘宝忠：《模糊评价数学模型在道路交通安全管理评价中的应用》，《科学与管理》2008 年第 4 期。

1，2，3，…，n)：设 $W_i>0$，$\sum_{i=1}^{n} W_i=1$，则 $U=\sum_{i=1}^{n} W_i P_i$。若将 W_i 两两相比可以构成判断矩阵：$A=(a_{ij})=\begin{bmatrix} \frac{w_1}{w_1} & \frac{w_1}{w_2} & \cdots & \frac{w_1}{w_n} \\ \frac{w_2}{w_1} & \frac{w_2}{w_2} & \cdots & \frac{w_2}{w_n} \\ \cdots & \cdots & \cdots & \cdots \\ \frac{w_n}{w_1} & \frac{w_n}{w_2} & \cdots & \frac{w_n}{w_n} \end{bmatrix}$

其中 a_{ij} 为第 i 个因素相对于第 j 个因素的重要性，且有：

$$AW=\begin{bmatrix} \frac{w_1}{w_1} & \frac{w_1}{w_2} & \cdots & \frac{w_1}{w_n} \\ \frac{w_2}{w_1} & \frac{w_2}{w_2} & \cdots & \frac{w_2}{w_n} \\ \cdots & \cdots & \cdots & \cdots \\ \frac{w_n}{w_1} & \frac{w_n}{w_2} & \cdots & \frac{w_n}{w_n} \end{bmatrix}\begin{bmatrix} w_1 \\ w_2 \\ \cdots \\ w_n \end{bmatrix}=nW$$

此时，n 为 A 的一个特征值，P 的相对重要性 W 是 A 对应 n 的特征向量的各个分量，层次分析法在判断矩阵具有一致性的条件下，通过 $AW=W\lambda_{\max}$ 的特征值而求出正规化特征向量 W。算法一般采用求和平均法，对判断矩阵：

$$W_i(k)=\frac{\sum_{j=1}^{n} a_{ij}}{\sum_{i=1}^{n}\sum_{j=1}^{m} a_{ij}}$$

其中，$\sum_{i=1}^{n} W_i(k)=1$，$W_i(k)$的大小表示因素 i 的优先次序，给出单层次中因素的排列。多层并合的有关因素的总优先次序为：

$$S=\overline{C}\overline{W}$$

其中 $\overline{W}$ 为 k 层各因素的规模化系数 $W_i(k)$组成的列向量，$\overline{C}$ 为该层各因素的规模化系数向量矩阵。依据此原理，在进行规模化设计时，首先对研究对象各影响因子进行归类和层次划分，确定不同层次和不同组织水平各因素间的相互关系，然后对决策树中的总目标及子目标分别建立反映其影响因素之间关系的判别矩阵，AHP 所用的导出权重的方法就是两两比较的方法。在这一步中，决策者要反复地回答问题，针对准则 S，两个元素 p_i 和 p_j 哪一个更重要，重要程度如何？并按 1—9 的比例标度对重要性程度赋值，表 5-8 列出了 1—9 标度的含义，这样对于准则 S，n 个被比较元素通过两两比较构成一个判断矩阵。

表 5-8　比例标度的含义

Table 5-8　Ratio scaling meaning

标度		含义
1	两个元素相比	二者具有相同重要性
3		前者比后者稍显重要
5		前者比后者明显重要
7		前者比后者强烈重要
9		前者比后者极端重要
2，4，6，8 表示上述相邻判断的中间值；倒数：若元素 i 与元素 j 的重要性之比为 aij，那么元素 j 与元素 i 重要性之比为 $1/aij$。		

第三，层次排序及一致性检验对判断矩阵的一致性检验的步骤如下：

a. 计算一致性指标 CI

$$CI = \frac{\lambda_{\max} - n}{n-1} = \frac{LB - n}{n-1}$$

b. 找相应的平均随机一致性指标 RI

对 n=1，2，…，15，给出了 RI 的值，如表 5-9 所示：

表 5-9　一致性指标 R. I. 判定标度

Table 5-9　Determination index of consistent index

n	1	2	3	4	5	6	7	8	9
RI	0	0	0.58	0.90	1.12	1.24	1.32	1.41	1.45

c. 计算一致性比例 CR

$$CR = \frac{CI}{RI}$$

当 $CR < 0.10$ 时，认为判断矩阵的一致性是可以接受的，否则

应对判断矩阵作适当修正。

(6)模糊矩阵运算

因素集U上的模糊子集可以用模糊向量$K=(k_1, k_2, \cdots, k_n)$表示，隶属度$k_i(i=1, 2, \cdots, n)$表示各因素在综合评价中的分量，可以取为关于各因素的权重，满足$\sum_{i=1}^{n}k_i=1$。给定K与R后，通过模糊变换将U上的模糊向量K变为V上的模糊向量B，即，

$$B=K\otimes R$$

B为综合评价向量，“$\otimes$”为综合评价算子，上式称为综合评价模型。综合评价算子“$\otimes$”可以根据实际情况选取不同的类型。一般常用的综合评价算子有以下三种：

第一种：$M(\wedge, \vee)$型，按照这种合成算子有：

$k_j=\bigvee_{i=1}^{n}(k_i \wedge r_{ij})=\max\{\min(a_1, r_{1j}), \min(a_2, r_{2j}), \cdots, \min(a_n, r_{nj})\}, (j=1,2,\cdots,n)$

算子$M(\wedge, \vee)$与模糊矩阵合成运算法则一致，其意义是，各因素的第j个等级评语v_j的单因素评价隶属度r_{ij}被修正为$r_{ij}^*=k_i \wedge r_{ij}$，即不超过$k_i$，再选取$r_{ij}^*$的最大主要因素而不考虑其他因素。因此这种模型被称为主因素决定型。

第二种：$M(\cdot, \vee)$型，按照这种合成算子有：

$$k_j=\bigvee_{i=1}^{n}(k_i \wedge r_{ij})=\max\{a_1r_{1j}, a_2r_{2j}, \cdots, a_nr_{nj}\}, (j=1,2,\cdots,n)$$

算子$M(\cdot, \vee)$中的“$\cdot$”表示实数乘法，其意义是，各因素的第j个等级评语v_j的单因素评价隶属度r_{ij}被修正为$r_{ij}^*=k_ir_{ij}$，与算子$M(\wedge, \vee)$略有不同，然后再选取r_{ij}^*的最大主要因素。这也是一种主因素决定型。

第三种：$M(\cdot, +)$型，按照这种合成算子有：

$$k_j=\sum_{i=1}^{n}k_ir_{ij} \qquad (j=1,2,\cdots,n)$$

算子$M(\cdot, +)$中的“$\cdot$”与“$+$”分别表示实数乘法与加法，此算子称为加权平均型，在综合平均中充分注意而又考虑到各个因素的作用，因注意此处的向量K要做归一化处理。

四　地质多样性系统聚类分析法

(一)系统聚类分析的基本思想

系统聚类分析(Hierachical Cluster Analysis)是在样品距离的基础上，定义类与类之间的距离，首先将 n 个样品分为几类，然后每次将具有最小距离的两类合并，合并后重新计算类与类之间的距离，这个过程一直继续到所有样品归为一类为止，并把这个过程作成一个聚类谱系图。这种方法即系统聚类分析。

系统聚类分析的基本思想是，把 n 个样品看成 p 维(p 个指标)空间的点，而把每个变量看成 p 维空间的坐标轴，根据空间上点与点的距离来进行分类。

系统聚类分析的具体方法是，将 n 个样品分为几类，先计算 $\frac{1}{2}n(n-1)$ 个相似性测度或距离，并且把具有最小测度的两个样品合并成两个元素的类，然后按照某种聚类方法计算这个类和其余 $(n-2)$ 个样品之间的距离，这样一直持续下去，合并过程中，每一步所做的并类(样品与样品，样品与类、类与类)都要使测度在系统中保持最小，每次减少一类，直到所有样品都归为一类为止。

(二)系统聚类分析的一般步骤

第一，对数据进行变换处理；

第二，计算各样品之间的距离，并将距离最近的两个样品合并成一类；

第三，选择并计算类与类之间的距离，并将距离最近的两类合并，如果类的个数大于 1，则继续并类，直至所有样品归为一类为止；

第四，最后绘制系统聚类谱系图，按不同的分类标准或不同的分类原则，得出不同的分类结果。

(三)多维空间的距离

对于 p 个观测指标，n 个样品的样本数据，每个样品有 p 个变量，故每个样品都可以看成是 p 维空间上的一个点，n 个样品就是 p 维空间上的 n 个点。聚类分析中，对样品进行分类时，通常采用距离来表示样品之间的亲疏程度。因此，需要定义样品之间的距离，

即第 i 个样品与第 j 个样品之间的距离，记为 d_{ij} ，所定义的距离一般满足以下四个条件：

①$d_{ij} \geqslant 0$　　对于一切 i，j；

②$d_{ij}=0$　　对于一切 i，j；

③$d_{ij}=d_{ji}$　　对于一切 i，j；

④$d_{ij} \leqslant d_{ik}+d_{kj}$　　对于一切 i，j，k。

对于定量数据资料常用的距离有明氏距离、欧氏距离、兰氏距离、马氏距离、斜交空间距离等几种。在这里主要介绍明氏距离和欧氏距离。

第 i 个样品与第 j 个样品之间的明氏距离(明科夫斯基，Minkowski)公式为：

$$d_{ij}(q)=\left[\sum_{k=1}^{p}\left|x_{ik}-x_{jk}\right|^{q}\right]^{\frac{1}{q}}$$

这里 q 为某一自然数，明氏距离是一最常用、最直观的距离。

当 $q=1$ 时，$d_{ij}(1)=\sum_{i=1}^{p}\left|x_{ik}-x_{jk}\right|$，则称为绝对值距离。

当 $q=2$ 时，$d_{ij}(2)=\left[\sum_{k=1}^{p}(x_{ik}-x_{jk})^{2}\right]^{\frac{1}{2}}$，则称为欧氏距离。

当 $q=\infty$时，$d_{ij}(\infty)=\max_{1\leqslant k\leqslant p}\left|x_{ik}-x_{jk}\right|$，则称为切比雪夫距离。

$$i,\ j=1,\ 2,\ \cdots,\ n$$

(四)常用系统聚类分析法

进行聚类分析时，由于对类与类之间的距离的定义和理解不同，并类的过程中又会产生不同的聚类方法。常用的系统聚类方法有 8 种。即最短距离法、最长距离法、中间距离法、重心法、类平均法、可变类平均法、可变法、离差平方和法等。系统聚类分析方法很多，但每种方法的归类步骤基本是一样的，所不同的主要是对类与类之间的距离的定义不同。本文重点介绍最短距离法。

(五)最短距离法

最短距离法是把两个类之间的距离定义为一个类中的所有样品与另一个类中所有样品之间距离中最近者。设类 G_P 与 G_q 之间的距离 D_{pq} 定义为：

$$D_{pq}=\min_{x_i\in G_p,x_{ji}\in G_q} d_{ij}$$

用最短距离法的聚类主要步骤如下：

第一，计算样品之间的距离，得到 n 个样品之间的距离矩阵为 $D_{(0)}$ ，这时每一个样品自成一类，有 $D_{Pq} = d_{ij}$ ，显然该距离矩阵是一个对称矩阵。

第二，选择 $D_{(0)}$ 非主对角线上最小元素，设为 D_{Pq} ，则将对应的两个样品 G_P 与 G_q 合并为一个新类，记为类 G_r ，则 $G_r = \{G_P, G_q\}$ 。

第三，计算新类 G_r 与其他类 $G_k(k \neq r)$ 之间的距离，并得到新的距离矩阵 $D_{(1)}$ 。其中新类 G_r 与其他类 $G_k(k \neq r)$ 之间的距离为

$$
\begin{aligned}
D_{rk} &= \min_{x_i \in G_r, x_{ji} \in G_k} d_{ij} \\
&= \min\{\min_{x_i \in G_p, x_j \in G_k} d_{ij}, \min_{x_i \in G_q, x_{jj} \in G_k} d_{ij}\} \\
&= \min\{D_{pk}, D_{qk}\}
\end{aligned}
$$

第四，对 $D_{(1)}$ 重复进行上述步骤，得到新的矩阵 $D_{(2)}$ ，对 $D_{(2)}$ 重复进行上述步骤，得到新的距离矩阵 $D_{(3)}$ ……这样一直下去，直到所有的样品都归为一类为止[1]。

(六)最短距离法在大别山湖北地区地质多样性评价中的运用

在对大别山湖北地区地质多样性以行政区划单元为基础来进行聚类分析和评价时，以所在地区的各个县为类 G_P ；指标体系采用模糊评价法中的指标，即岩石的种类、岩石的年代类型、矿产的种类、地层的种类、地层的年代类型、构造的类型、构造的规模、地貌的高度、坡向与坡度、地貌的类型、动物种类、国家保护动物种类、国家保护植物种类、植物种类、景观的类型、国内生产总值、社会投资总额、公路网密度 18 个评价指标，即 $x_{1.1} x_{1.2}, \cdots, x_{1.18}$ 。这样就可以形成以下的构造矩阵：

$$
\begin{bmatrix}
x_{1.1} & x_{1.2} & \cdots & \cdots & x_{1.p} \\
x_{2.1} & x_{2.1} & \cdots & \cdots & x_{2.p} \\
\cdots & \cdots & \cdots & \cdots & \cdots \\
x_{18.1} & x_{18.2} & \cdots & \cdots & x_{18.p}
\end{bmatrix}
$$

然后用最短距离法对这些类 G_P 进行合并，直至聚为一个类别为

[1] 傅德印、张旭东编著：《EXCEL 与多元统计分析——附实用计算机程序》，中国统计出版社 2007 年版，第 151 页。

止。最后按照上述聚类过程绘出聚类谱系图。从谱系图就可以看出这些行政区划单元的地质多样性的相对丰富度，为区域地质多样性资源的开发、管理与保护提供直接的依据。

五　地质多样性资源其他评价方法

(一)层次分析法

美国学者Seats(1980)创立了用于多层次决策分析的层次分析法，简称AHP法(Analytic Hierarchy Process)。该方法的思路主要是将复杂的问题分解成若干层次，然后以分解的比原来简单的层次上逐步进行重要性分析，将人的主观判断变成数量形式表达出来。这种方法首先是将待研究的问题的各种影响因素进行分类，然后进行层次划分，确定出属于不同层次、不同组织水平的各因素之间的相互关系。在总目标层下，划分出“准则层”、“约束层”、“策略层”等，不同层次间的因素构成多目标决策树，然后对总目标及子目标分别建立反映影响因素之间关系的判断矩阵[1]。

对于一个总目标 μ，各影响因素 $P_i(i=1, \cdots, n)$的重要性分别为权重 $\omega_i(\omega>0, \sum\omega_i=1)$，则：$\mu=\sum\omega_i P_i$

其中，P 为第 i 个评价因子的评分。

(二)经验指数和法

经验指数和法是根据经验判断参评因素权重的一种方法，即按影响资源的强度进行经验和统计分级，然后用各因子之和的相应数来表示其评价质量。其步骤如下[2]：

第一步：根据所收集到的资料，划分资源评价的基本单元，并确定其大小；

第二步：选取资源评价的因素(也即为评价项目)。根据各类资源各个严肃的性质，选取其中重要的、对资源利用有较大影响的要素作为资源评价单元的评价因素。

---

〔1〕 吕贻峰、李江风主编：《国土资源学》，中国地质大学出版社2001年版，第163页。

〔2〕 陈伟伯、任秀芳、李腾龙：《模糊评价法在国家奖助学金评定工作中的应用》，《人才培养》2007年第6期。

第三步：求出各资源评价因素的经验指数。首先需要确定评价因素的权重，然后将各评价因素对资源评价单元的资源利用影响的强度进行划分，并赋予各强度等级以一定的分值，从而求出资源评价因素的经验指数，它是资源评价因素权重和等级分值的乘积。其中，资源评价因素权重的确定可以通过经验法、回归分析法、主因子分析法等得到。

第四步：将影响资源评价的各因素的经验指数相加，得出各评价单元资源评价因素的指数和。

第五步：根据资源评价单元的指数和大小区分该地区内的资源等级。

$$E = \sum_{i=1}^{n} W_i P_i$$

式中：Wi 为第 i 项资源评价因素在全体因素中的权重；Mi 为对应的等级分值。

(三)经验指数乘积开方法

经验指数乘积开方法与指数和法的根本区别在于资源评价因子的总指数不是各因素的指数相加，而是各因素的指数积的开方值。采用该方法更能反映资源质量等级的实际情况。如果当某一评价因素的指数较低时，将会对资源评价单元的总指数产生的影响比指数和法显著，从而降低资源的质量等级[1]。

〔1〕 吕贻峰、李江风主编：《国土资源学》，中国地质大学出版社2001年版，第164页。

第六章

地质多样性的开发与保护

从前面对地质多样性的概念、形成原因、表现形式、价值等内容不难看出，地质多样性不仅是人类生存、生活的基础条件，还对人类社会、经济、生态环境的可持续发展具有非常重要的作用和意义。但是这一切作用和意义都来自于人类对地质多样性资源合理的开发、利用和保护。下面先简要介绍地质多样性开发的类型、开发的影响，在此基础上重点阐述地质多样性的保护。

第一节　地质多样性的开发

一　地质多样性开发的类型

根据地质多样性的形成原因和表现形式，地质多样性的开发包括对化学元素、矿物、岩石、地貌、土壤、生物、景观等资源的开发。根据地质多样性的价值形式，其开发又可以分为固有价值、经济价值、功能价值、文化和审美价值、教育和科研价值五大方面的开发。但在实际的对地质多样性的开发过程中，这两方面是交织、联系在一起进行的。

（一）关于对其经济价值的开发主要集中在对矿物、岩石、土壤等内容的开发上，具体是通过对当地的矿产资源、煤、石油等能源资源、建筑材料资源、化石、土地资源等进行开发。

（二）功能价值的开发主要体现在河流、湖泊、海岸等地理环境系统以及生态系统环境的调整和平衡过程；实用功能主要体现在人类对土地资源的农业开发利用以及其他的如道路、仓储、建筑等用地形式，还体现在人类对水系等的多种利用，例如酿造酒、矿泉水，以及航道的开辟、温泉旅游等等形式。

（三）文化和审美价值的开发主要是对当地的景观资源，也就是所谓的旅游资源进行开发，包括地质旅游资源、森林旅游资源、山地旅游资源、湖泊旅游资源、海洋旅游资源等，涉及地质遗迹、地质构造、地质作用、生物、地貌等地质多样性的内容。另外，景观资源的开发能带来巨大的经济、社会及生态环境效益。

（四）教育和科研价值的开发主要是对形成地质多样性内容体系的各种地质构造、地质遗迹、地质作用和过程、地球演化发展的历史以及环境监测等内容进行科学研究；还可以对地质、地理、生态等专业的师生、地质爱好者等进行教育和培训。

二　地质多样性开发的影响

随着人类对各种地质多样性资源大规模的开发，对地质多样性产生了很多直接和间接的影响，有些甚至已经严重威胁到地质多样性资源。例如，空气污染。化学元素的迁移由于具有空间移动性，这就使得它们对环境、经济和社会产生的影响范围较广。不可持续的行为既威胁了地质多样性，又破坏了环境功能。例如，对自然过程的分解除了对土壤、景观造成直接影响外，还可能威胁地质、地球生物形态等。总之，关于地质多样性的影响，主要来自两个方面：一方面是自然过程的影响；另一方面是人类活动的影响。

自然过程对地质多样性的影响主要有海岸侵蚀、洪水威胁、地震、滑坡、泥石流、自然火灾等诸多形式。人类虽然无法控制这些现象，但是可以通过科学规划、合理布局、修筑工程、疏散人群等方法将其对人类的影响降低到最低程度。本文主要研究人类活动对地质多样性的影响。详情见表 6-1。

表 6-1 所分析的各种人类活动的影响中，对地质多样性的影响最为广泛的行为是农业活动、矿产资源的开采、气候及海平面变化以及旅游活动的开展等方面。对地质多样性影响最重要的行为就是对地质多样性的忽视。

第一，农业活动是远古人类就开始的生产活动，特别是现代机械、化肥、农药等的应用，对土壤的物理化学特性、土壤结构、水土流失产生严重影响；同时还影响到地形、地貌、生物、地质构造以及地表地质作用过程，如风化、土壤沙化、土壤盐碱化等等。

第二，矿产资源的开采是地质多样性经济价值的主要表现，它为工业发展提供资源基础，但它同时破坏地形、地貌、植被、土壤、剖面、沉积物等的结构和物理化学特性，还引起水土流失、水源污染、地面沉降等一系列连锁反应。

第三，由于人类生产生活排放大量的废气，有人认为这样会形成“温室效应”，从而使全球气候逐渐变暖。气候变暖可能使南北两极冰川融化，海平面上升。气候变暖还增加了洪水的发生频率，不仅破坏了地形地貌、土壤、植被、生物；还影响到系统的活动过程，如大规模的水土流失、土壤盐碱化现象的发生等。

第四，第二次世界大战结束以后，现代旅游在全球范围内得到迅速发展。人们的旅游活动也已经从“精英式”的旅游转向“大众化”的旅游，从而成为寻常百姓生活的一部分。旅游活动的大量开展对地质多样性也产生了严重的影响，特别是对自然旅游资源的开发活动。主要是土地利用方式的变化以及旅游者对地质多样性的有意或无意的破坏所造成的。这些行为会影响到土壤、植被、动物、河流、洞穴等系统的结构和特性等。

第五，由于对地质多样性的忽视，人们在信息收集、教育培训的重要性方面也认识不足。无论是在发达国家还是在发展中国家，因为缺少信息，地质遗迹逐渐遗失和降级；因为缺乏地质保护监测方面的信息，影响到土地利用规划的立法、政策和实践活动的开展等。

表 6-1 主要人类活动对地质遗迹的影响

Table 6-1 Threats to geoheritage(modified after Gorden and Macfadyen, 2001)

人类活动	对地质遗迹的直接影响	对地质遗迹的间接影响
开采矿产资源	破坏地貌和沉积物 破坏土壤的结构和土壤生物特性 影响新剖面的形成	污染水资源 导致沉积物供应的变化 在河流和海岸开采导致侵蚀
修建采石场	损失地质露头 损坏地貌和土壤 土地填充气体的有害影响	污染表层水资源 污染地表水
土地开发和城市化	开辟了栖息地 大规模破坏了地貌和土壤 改变了排水系统 增加了坡度的不稳定性	改变了溪流的自然过程 污染水资源
海岸侵蚀和保护	海滨露头损失 减少地貌活动 自然过程的减少	改变沉积物的来源和过程
河流管理和工程建设	损失露头 减少地貌活动 自然过程的流失	改变了沉积物的移动和溪流的过程，湿地干化
森林、植物的增长和移动	地形和地层能见度的降低 小范围地形的物理破坏 地貌动态的稳定 土壤侵蚀 改变土壤化学结构及表层土壤水	
农业活动	对小规模的地貌造成破坏和损失 土壤压实，土壤有机物和生物的流失 化肥使土壤的化学特性发生改变 农药影响了土壤生物 土壤侵蚀	排水系统改变了径流 风、水对土壤的侵蚀 农业化学的运用使表层地表水受到污染
土地管理变化	露头和地貌的损失和退化 水土流失和污染 改变了土壤水的组合方式	改变了径流和沉积物的供应
娱乐、旅游的压力	对小范围地貌和土壤的物理破坏 土壤侵蚀 损坏了洞穴系统	
移动地质标本	化石记录的遗失 矿产标本的遗失	
气候和海平面变化	改变了系统的活动过程 海岸侵蚀和洪水 土壤有机物的流失 植被减少导致土壤侵蚀	增加了洪水的暴发频率 改变了地貌变化过程的速率
火灾	增加了土壤的有机物含量 破坏了植被层 引起水土流失	
军事活动	在小范围内对地貌和土壤产生破坏 炸弹爆炸产生石坑	
缺乏信息和教育	静态特征和活动过程的损失和破坏	

资料来源：Murray Gray, *Geodiversity: Valuing and Conserving Abiotic Aature*, John Wiley & Sons, Ltd, 2004。

第二节 地质多样性的保护与管理

通过以上对影响地质多样性的人类活动的类型分析可以看出，地球表层的自然状况是很复杂的，对人类活动的干预也具有很强的敏感性。全球由于经济发展对环境的影响，使越来越多的地质多样性资源正在逐渐遗失。R. L. Hooke(1994)曾经估算，由于受人类活动的影响，平均每年大约有420亿吨的岩石和土壤产生了移动，相当于河流、冰川、风等作用力搬运总量的一半，是组成山的岩石和土壤的三倍。每年流失的可耕作的土壤远远超过新增加的耕作土壤[1]。据调查，英国Peterborough地区在1989年拥有32个重要的地质遗迹，由于土地资源利用以及植被的增长等，到1998年有26个地质遗迹消失了[2]。既然地质多样性对人类生产、生活可持续发展具有非常重要的意义；同时它又面临许多威胁，所以必须对它进行科学的保护、仔细的管理，使之得到可持续的发展，这也是地质多样性研究的重要内容之一。

一 开展资源调查与评估

前面论述的关于地质多样性的影响因素中，其中之一是关于对地质多样性的忽视，从而造成人们所知晓的地质多样性信息的不足。所以首先我们得开展地质多样性资源的调查工作，摸清家底，收集地质多样性各种资源的信息，建立地质多样性资源信息库。这就要求我们必须从县(市)、省乃至国家都要建立系统、完整、翔实的地质多样性资源数据库，对地质多样性资源进行统一登录[3]。关于地质多样性的基础资料内容主要包括元素、矿物、岩石、地貌、土壤、生物、景观等方面。具体涉及编号、位置、名称、种类、规模、质

〔1〕 Murray Gray, *Geodiversity: Valuing and Conserving Abiotic Nature*, John Wiley & Sons, Ltd, 2004, p. 175.

〔2〕 Ibid..

〔3〕 熊继红：《关于国家地质公园可持续发展对策研究》，《国土与自然资源研究》2009年第1期。

量特征、环境特征、形成与演化、交通情况、区位条件、社会经济条件等等。关于种类、规模、质量特征等可以参照前面的单体评价中的各项评价指标。

其次，还要建立地质多样性资源的分类、分级标准和较为科学的评估标准，这主要是为今后地质多样性资源的规划提供科学的资源评价方法和评价体系。

二 实施科学合理规划

完成了地质多样性资源的调查与评估工作以后，接着就应该根据各地的资源情况，对其进行科学的规划，并在此基础上对资源进行充分、合理的利用。地质多样性规划是对未来地质多样性资源发展状况的构想和安排，能促进有秩序的开发，使地质多样性资源产生最大的经济效益、社会效益和生态效益。规划将以当地地质多样性资源基础为依据，按照当地国民经济发展的要求，通过预测和调节系统内的变化，设计各种地质多样性资源开发项目，具体包括矿物、土壤、生物、景观资源等的开发。是当地社会经济发展规划的重要组成部分。本文着重介绍矿产资源开发和土地利用的规划。

(一)矿产资源开发规划

矿产资源是地质多样性资源中经济价值较高的资源，为人类生存创造了基础条件。随着对矿产资源的开采，有些资源逐渐枯竭，人类必须对矿产资源的开发进行合理的规划，以提高矿产资源的综合利用率。

矿产资源开发规划要注意以下几方面的问题：

首先，应根据区域内资源特征及国民经济发展需要，结合交通运输及技术条件等，对区域内矿产资源进行综合评价。一般可以把矿产资源分为“优势资源”、“潜在优势资源”、“适合本地开发的资源”、“暂时不能开发的资源”四大类。还可以根据各矿床的具体特点再进一步分类。

其次，根据区域内国民经济发展、工农业生产、矿产资源特点、劳动力和技术力量等条件，制定本区矿产资源开发利用的发展战略，包括新矿山的建立和老矿山的改扩建两个方面。对矿山的技术、经济条件进行认真的核算和审核。

第三，依靠先进科学技术，提高矿产资源开发利用的水平。在粗加工的基础上进一步发展矿产品的深加工，这样既降低了原料消耗，保护矿山资源，提高了资源的利用水平，而且还能取得更好的经济效益[1]。

第四，在规划中还必须强调对矿山地质环境问题的规划和处理。例如，煤矿堆积成山的矸石、采空区的地面沉陷、长期污水排放致使地表水污染、水资源破坏；不少矿山在采、选、加工过程中造成大量粉尘、烟雾致使空气受到严重的污染等等。特殊的地形，如山区还有一些矿山，由于各种原因，在雨季造成崩塌、滑坡、泥石流等地质灾害。因此，制定矿山环境监督管理制度，建立健全矿山环境的法规体系、管理体系，依法加强矿山生态环境的管理等是矿产规划的重点[2]。

(二)土地利用规划

土地利用规划就是对土地资源进行合理的开发和整理，它不仅能增加有效耕地的面积、缓解人地矛盾，以实现耕地总量动态平衡的目标；还可以提高耕地质量、改善生产、生活环境，促进土地集约化利用和经营[3]。

1. 农业用地规划

对农业用地进行规划必须遵循以下原则：第一，因地制宜原则，要坚持因地制宜、先易后难，统一规划，分步实施、综合治理的原则；第二，综合效益的原则，在讲究经济效益的同时，还要注重社会效益和生态效益；第三，科学性与实用性相结合的原则；第四，公众参与的原则；第五，综合协调原则，也即为要以法律、法规为依据，与村镇建设规划、水利规划等相协调[4]。

农业用地规划的主要内容包括：土地开发的潜力分析、土地开

---

〔1〕 陈长明：《国土整治中矿产规划编制之浅议》，《国土与自然资源研究》，1992年第2期。

〔2〕 复仁：《对我省"十五"期间地质矿产规划研究的几点建议》，《国土论坛》2010年第5期。

〔3〕 国土资源部规划司、国土资源部土地整理中心编：《土地开发整理规划实例》，地质出版社2001年版，第6页。

〔4〕 同上书，第24页。

发整理区的划定、土地开发效益分析等。具体步骤：首先要制定工作技术方案和工作计划，准备工作底图。然后进入开发整理潜力调查分析阶段，包括对土地资源的类型、数量、质量和分布等内容的调查；还要对土地的适宜性进行评价，并且绘制出土地开发整理潜力分布图。最后，在调查分析的基础上，根据当地的社会经济发展状况以及地形、地貌等特点，划定土地开发整理区，确定土地规划方案，绘制土地规划图。

2. 城市用地规划

城市用地是在特定的条件下，对城市土地资源进行开发、利用、治理、保护与管理，并通过协调人地关系及人与资源、环境的关系，以期达到最大的生态经济效益[1]。城市用地既受自然条件和生态环境的制约，又受人类社会、经济、技术条件与经济规律的制约，因此具有动态性、空间性和经济性的特征。城市土地集约化程度高，并为一定的社会经济目的服务，所以城市用地的实质是一个综合性的经济问题[2]。

中国目前正处于城市化迅速发展的时期，城市化率已达到45%，城市的发展必将占用大量的土地。随着“社会主义市场经济”的建立与发展，市场需求多变，投资主体多样，这就要求城市土地利用规划不能再是简单地、机械刚性或理想化的，既要具有明确的意向性和指导性，又要具有一定的弹性和灵活性。制定城市土地利用规划，首先应根据城市未来的发展趋势，对城市土地利用进行分析和预测；然后依据城市总体布局结构以及“公共利益”所在，确定土地的适用范围，给土地使用者留下一定的选择余地，并尽量排除潜在的不合理使用。其一，使同一地块的功能具有多种兼容性，或使不同地块的功能具有互换性，这样可以保证城市规划实施的灵活性和有效性；其二，围绕主要用途用地，配套设置相关服务用地，提高用地开发的吸引力；其三，建立明确的核心区，并围绕核心区设置混合区或

---

〔1〕 熊继红：《关于国家地质公园可持续发展对策研究》，《国土与自然资源研究》，2009年第1期。

〔2〕 姚士谋、帅江平著：《城市用地与城市生长——以东南沿海城市扩展为例》，中国科学技术大学出版社1995年版，第8页。

综合区，核心区主要布置第三产业，混合区则指居住与第三产业的混合，或居住与无污染工业的混合，或兼而有之；其四，依据城市未来土地市场的变化趋向，制定多种备选方案，并建立动态反馈的修正机制，以提高城市土地利用规划的应变能力；其五，依据城市经济社会发展和产业结构调整方向，保持在土地利用强度和时序性上的弹性〔1〕。

三　进行环境影响评估

环境影响评估（Environmental Impact Assessment，EIA）最初是美国一些研究者在 20 世纪 60 年代初期提出的关于“成本—效益分析”中的一部分，就是用统一的尺度将项目的环境影响与项目的经济评价相结合，增加项目评价的科学性、真实性和合理性，也即为进行环境成本和效益分析〔2〕。后来人们将此方法用于环境政策法案的制定，成为美国环境管理的重要工具。现在对环境影响评估的概念主要是由 P. Wathern 提出来的。他认为环境影响评估是识别某些项目给生物物理环境和人类健康和福利带来的可能后果，并在决策阶段向负责批准该项目的有关人员传达相关信息的过程〔3〕。

环境影响评估不仅要考虑人类健康和福利，还需注意到对生物物理环境的影响。这个生物物理环境，也就是由地质多样性所决定的各种环境的总称。另外，从理论上来看，环境影响评估不仅是一种分析方法，而更是一套对环境问题的识别、分析、评估和管理的综合系统。其评估报告是项目投资商、政府决策部门等进行决策的重要依据〔4〕。所以，在中国，在对地质多样性资源进行管理和开发时，同样必须进行环境影响评估。许多国家立法规定，某类工程建设必须进行环境影响评估。

在实施地质多样性环境影响评估时，首先必须明确地质多样性

---

〔1〕 万艳华：《市场经济条件下城市土地利用的新观念》，《武汉城市建设学院学报》1998 年第 6 期。

〔2〕 崔卫华编著：《旅游投资项目与评价》，东北财经大学出版社 2003 年版，第 181 页。

〔3〕 www. nre. cn，中国自然保护区网。

〔4〕 邹统钎著：《旅游开发与规划》，广东旅游出版社 2001 年版，第 262 页。

资源的开发对环境的潜在影响，并进行基本分类。例如，按照地质多样性的成因和表现形式可以分为对元素、矿物、岩石、土壤、地貌、生物、景观等类别的影响。然后再从有利影响和不利影响两个方面进行全面的对比分析，并根据实际情况预测可能出现的各种状况、程度和结果。最后将得到的结果进行汇总，写出总的评估报告。

四 设立各种保护区

(一)特殊的科学站点

设置特殊的科学站点(Sites of Special Scientific Interest，SSSIs)，就是对国际上重要的地质学和地球生物形态学的场所进行特殊的保护的一种方法。这些科学站点是通过“地质学保护评论”而设立的。地质学保护评论是对全球的重要场所，从地质事物、自然过程、地貌形态等方面进行的科学、系统的评论与记载。它评价的主要依据是：第一，全球地质学方面的重要意义；第二，所具有的异常特征(包括稀有性、独一性或原本性)；第三，在国家地质方面的重要性。选择的地质场所的范围从天然露头、海岸悬崖到人工的采石场、围栏等等。目前，英国就已经设立了大约1240个这样的SSSIs，对英国的地质多样性资源起到了重要的保护作用。

(二)国家自然保护区(NNRs)

国家自然保护区(National Naturer Reserves)是一种比较好的科学站点，它主要是用来对栖息地的地质、土壤、生物多样性资源等进行保护而设立的专门场所，并且还具有一定的美学欣赏价值和科学研究价值。截止到2007年8月，中国已经设立了303个国家级自然保护区[1]。例如，黑龙江五大连池国家级自然保护区，主要是为了保护火山地质遗迹资源；四川卧龙自然保护区以“熊猫之乡”、“宝贵的生物基因库”、“天然动植物园”享誉中外，主要是为了保护区内丰富的动植物资源和矿产资源；湖北洪湖湿地国家级自然保护区，主要是为了保护湿地资源；湖北青龙山恐龙蛋化石群国家级自然保护区，主要是保护恐龙化石资源等等。

---

〔1〕 www. nre. cn，中国自然保护区网。

(三)国家公园

国家公园(National Parks)也是为了保护地质多样性资源而设立的一种保护区。目前很多国家如美国、加拿大、英国、澳大利亚、中国等都设立了国家公园，其中最突出的要数美国了。目前，美国的国家公园系统已经包含了380个单位，共涉及49个州、哥伦比亚特区和海外附属区的3500万公顷的土地，只有德拉瓦尔一个州没有建立国家公园。其中最大的是兰格尔—伊莱亚斯国家公园，它包括美国阿拉斯加州和邻国加拿大的一部分地区在内一共有500万公顷的面积，占整个国家公园系统总面积的16%[1]。在美国需要满足以下四个条件即可以提出加入国家公园系统：第一，必须具有特别突出的资源类型细目；第二，在“世界自然、文化遗产”方面具有不同寻常的价值和特征；第三，必须拥有娱乐、休闲或科学研究价值；第四，其资源必须保持高度的完整性、真实性和相对地未受损失性等特征[2]。同时还应满足另三个条件：第一，它所表示的特征是该系统其他公园没有涉及的；第二，必须是可行的；第三，加入到该系统中的场所不接受其他组织的保护或提供的娱乐机会[3]。

(四)世界地质公园

1972年联合国在瑞典首都斯德哥尔摩召开了“人类环境会议”，标志着人类对世界环境问题开始关注。同年联合国教科文组织在法国巴黎成立了“世界遗产委员会”，其目的主要是通过国际合作，对全球性的自然和文化遗产进行保护。1989年联合国教科文组织、“国际地科联”、“国际地质对比计划及国际自然保护联盟”在华盛顿成立了“全球地质及古生物遗址名录”计划，目的是选择适当的地质遗址纳入世界遗产的名录。1996年改名为“地质景点计划”。1999年联合国教科文组织正式提出了建立地质公园计划，即从各国推荐的地质遗产地中选出具有代表性、特殊性的地区纳入世界地质公园，其目的是使这些地区的社会、经济得到可持续发展。该规划目标是在全

---

〔1〕 Murray Gray, *Geodiversity: Valuing and Conserving Abiotic Nature*, John Wiley & Sons, Ltd, 2004, p. 200.

〔2〕 Ibid..

〔3〕 Ibid..

球建立500个世界地质公园，其中每年拟建20个，并确定中国为计划试点国之一。到目前为止，中国已建85处“国家地质公园”，18处“世界地质公园”，是目前拥有世界地质公园最多的国家。政府部门承诺，还会继续加大对地质遗迹的保护和开发，将陆续建立300多个国家地质公园[1]。

五 恢复地质多样性

有一些废弃的矿物堆、矿产博物馆陈列的一些矿产标本等具有某方面的考古价值、文化研究价值；矿石坑、采石场等一些受到人类破坏的土地也经常因为岩石或沉积物的地质露头而具有重要的科学研究价值，所以就要对这些地质多样性资源进行恢复和保护。另外，由于人类社会对环境质量的要求越来越高，因此对风景资源的恢复也显得越来越重要。对废弃的或有问题的地质多样性资源进行恢复，也是对其进行保护、管理的重要内容。以下专门探讨对采石场、河流、海岸、污染土地等资源的恢复。

(一)采石场和矿物坑的恢复

目前，有相当多的国家或地区的采石场和矿物坑的开发利用一结束，都被简单的废弃。例如，据统计，在美国“国家公园”范围内这样废弃的矿物遗迹就多达4000多个。其中一些废弃的矿物遗迹污染了环境；有一些成为不安全的场所；还有一些则成为重要的地质或生物遗迹。无论是以上哪种情况，都必须对这些废弃的地质遗迹进行恢复和治理。

按照采石场和矿物坑与水平面的关系，这类场所可以分为两大类：一类是采石场和矿物坑低于水平面；另一类是高于水平面。低于水平面的采石场和矿物坑会迅速的被野生动物或水占领，如果把它变成农业用地或森林用地，将会使地质露头遗失或产生不合时宜的地形。所以应该在保留地质露头的前提下，把它逐渐改变成各种可靠的、适宜的地形，例如改变成成阶梯状的地形或逐渐倾斜的地形，同时再种上植被，从而避免水土流失现象的发生。

---

〔1〕 熊继红：《关于国家地质公园可持续发展对策研究》，《国土与自然资源研究》2009年第1期。

对于高于水平面的采石场和矿物坑，如果它的主体部分是暴露在外的，并且有大量的植被，对这样的采石场的保护就具有重要的意义。其中一种方法就是用废弃物对这个采石场周围进行填充，并且把位于采石场顶部合适的沉积物和土壤保留下来(保留下来的部分，外形很像人戴的帽子形状)，然后再对它们进行适宜的开发利用，如种植草皮、植树或是开发成娱乐、旅游用地等等。如果能够较好地处理，恢复的风景环境甚至可能会超过以前的风景。然而对大的采石场用填充这种方法可能使重要的沉积物地质露头遗失，所以有时候必须借助工程的力量使地质遗迹的部分出露。图 6-1 和图 6-2 就是英国 Coventry 附近的 Webster 大型黏土坑恢复前后的情况(此图片来自于《English Nature》，2006)。对于规模较小的采石场和矿物坑，除非在其顶部有非常重要的地层，否则用这种方法就不适合也不经济[1]。

图 6-1　Coventry 附近的 Webster 大型黏土坑(填充恢复之前)

Fig 6-1　Webster's Claypit near Coventry(before landfill)

(二)河流恢复

自然河水的流动在不同的自然地带有不同的流速、不同的侵蚀

[1] H. & Larwood, J. G., "Natural Foundations: Geodiversity for People, Places and Nature", *English Nature*, 2006, No. 8.

图 6-2 Coventry **附近的** Webster **大型黏土坑(填充恢复以后)**

Fig 6-2 Webster's Claypit near Coventry after landfill

和堆积等，而这些不同的自然过程会产生不同的河流特征、塑造不同的地质构造。人类对河流的改造工程以及在河道中选砾石、挖掘砂矿等活动，无论规模大小，都能损坏和移动暴露的地质遗迹，破坏河流的自然过程，影响水的稳定性，改变河流的排泄方式，降低河流的风景质量，引起生物特征和功能的改变等等。因此，对河流进行管理和恢复是地质多样性资源的保护的重要内容之一。Allan (1995)曾估计淡水环境虽然还占不到地球表面的 1%，但却养活了世界上 12%的物种[1]。河流的恢复与管理对生物多样性具有非常重要的意义。对河流恢复工作的理论与实践经验经过人们不断的总结，才逐渐认识到河流的形成过程、地貌、沉积物等对地球生物形态的影响对河流恢复的重要意义。

对于河流恢复的评价与设计工作主要包括以下步骤：首先，确立河流恢复设计的目标。例如，提高河流的“美学目标”、改善栖息地环境目标、允许公众进行旅游、娱乐活动等目标。其次，到实际

[1] Murray Gray, *Geodiversity: Valuing and Conserving Abiotic Nature*, John Wiley & Sons, Ltd, 2004, p. 291.

恢复区域收集相关的地球生物形态、水文特点数据，具体包括河流历史信息、地球生物形态数据、河床沉积物形态、储水区域的自然过程、土地利用现状、土地所有者情况等。最后，应提出多个方案对这些恢复设计方案进行评价，以确定最终的设计方案。其中，河流平面图的设计主要受河流的功能、可利用的泛洪区的大小、河水的不稳定性等因素的影响；河渠形状的设计主要考虑平面形状、河底和河岸的组成物质、最小流量的宽度等内容。

总之，关于河流的恢复要考虑很多综合的因素，如不仅仅把河流和泛洪区系统联系起来，而且还把地球生物形态、地质、水质、消遣以及其他目的与河流的管理联系起来。目前，美国、澳大利亚、新西兰以及欧洲的许多国家纷纷对自己国内的河流开展了恢复工作，并且还出版了很多相关的文章或著作，但由于缺少法律支持和资金、缺少对好的实践经验的总结和传播的组织机构等，有关河流的恢复问题，仍需进一步解决。

（三）海岸恢复和管理

海岸侵蚀是一项重要的地质多样性资源恢复的研究问题。世界很多国家和地区，由于遭受海岸的侵蚀，悬崖后退和海岸塌方严重，威胁到人类生命财产的安全。由于温室效应，全球气温上升、海平面上升，海岸侵蚀和洪水影响加剧，因此对海岸可持续的管理很重要。

阻止海岸侵蚀的最好办法就是建立各种海岸防御工程，例如海墙、护墙、丁坝、筑堤等等。如图 6-3，6-4 所示（此图片来自于 *English Nature*，2006）。这些工程的建设有时可能阻止海岸的洪水，还可以使沼泽地转为耕地，但是这种工程防御的方法也存在许多不足，例如，海岸防御工程的建设和维护非常昂贵，即使对它进行维护也不会维持很长的时间，就必须修建更大的海岸工程；修建海岸工程可能改变海岸沉积物漂流的方向和速度等自然过程，扰乱了其自然系统，而这种改变和扰乱还会引起海岸侵蚀的加剧；另外海岸工程还遮挡了海岸地质露头，减少了海岸的风景美感，从而减少了海岸的地质多样性。

取代海岸工程的一种有效方法就是所谓的“软工程方法”。这种方法的基本原理是在了解海岸自然过程的基础上，按照自然规律来

图 6-3 海岸侵蚀的威胁

Fig 6-3 Coastal erosion threatens

进行防御。这主要涉及对海岸自然防御系统的管理，例如海滩、暴风雨脊、沙丘以及控制海滨资源、雨脊、沙丘稳定性的技术。它们需要人工礁石、防波堤或其他的一些工程。人工海岸防御工程不仅能覆盖暴露的地方、阻止活动的悬崖后退、显示地质露头，还能把沉积物释放到海里。例如，用小圆石填充海滨，能减少其他地区的沉积物，由于沉积物减少，海滨、盐场、沙丘的形状就不易改变，从而增强海滨的防御能力。

(四)污染土地的修复

土地一旦因含有超过一定量的污染的物质而被污染，就会对人类产生一定的或严重的危害或潜在的危害，例如可能影响到土壤、地表水、地下水的组成成分发生改变，从而使土壤中的农作物、水中的生物等因为生物“富集作用”而直接影响人类健康；另外由于土地资源是地质多样性资源中人类对其改变最大、影响最深的一种资源；再加上人口的增加引起土地资源需求量也逐渐增加。因此，土地资源的重要性和短缺性也决定了污染土地修复的重要性。

对污染的土地进行修复主要有以下三种方法：第一种方法，移动资源法。就是把污染的土壤移动到另外一个合适的地方进行土地

图 6-4　海岸的恢复和管理

Fig 6-4　Recover and Management of the coastal

填充；或者用生物补救的方法，把某种细菌、植物移到污染的土壤中来，从而排除污染物。第二种方法，改变路径法。就是在被污染的土地的顶上盖上水泥、织物或其他种类的可移动障碍物，或让含有反应的物质及治疗污染的水从污染治疗带中流过等的方法。第三种方法，移动目标法。例如，改变土地的利用方式、空间布局或严格限制该土地的可进入性等，从而降低其敏感性的方法。[1]

六　完善政策法规体系

对地质多样性资源进行保护与管理，必须要建立完善的政策法

〔1〕 Murray Gray, *Geodiversity: Valuing and Conserving Abiotic Nature*, John Wiley & Sons, Ltd, 2004, p. 295.

规体系。具体包括农业政策、森林政策、土地政策、河流管理规划、海岸管理规划、地质多样性的资金政策、地质多样性行动计划以及自然遗产宪章等等。

(一)地质多样性行动计划

当地地质多样性行动计划(Local Geodiversity Action Plans，LGAPs)，是在生物多样性保护计划模式的基础上发展起来的，其目标是保护区域内的地质、地球生物形态、土壤和风景等的健康发展。地质多样性行动计划首先是与当地社团、政府、保护区、商业、工业、旅游业等行业和部门进行广泛的合作；其次是确定要保护的区域，例如国家公园、乡村风景区域等等；最后是建立地质多样性保护的可持续发展框架。主要包括对保护区域内资源进行调查与统计从而建立地质多样性信息系统、对公众进行教育从而培养保护的意识、增加公众参与的机会、对资源进行各种监测、提出地质多样性保护与管理的对策及措施等。地质多样性行动计划为地质多样性保护提供了新的动力，并且提供了更多的资金来源，因此地质多样性行动计划已经成功的融入其他相关策略，对当地政府的政策产生了强烈的影响，为地质多样性资源的可持续利用与发展提供了条件。

(二)土地保护政策

土地是地质多样性资源的重要组成部分，而农业又占用了大量的土地面积，因此农业政策和实践活动对地质多样性资源产生深刻的影响。在农业活动中，农业土地所有者为了提高产量，在耕作过程中使用了大量的肥料，而近现代则广泛使用农药和化肥，因而对环境产生了严重的影响，直接导致水的污染以及生物多样性的遗失等等。因此，制定农业政策不仅要考虑土地所有者的利益，同时还要考虑其他一系列的社会、经济影响。例如制定减少食品生产的津贴、增加土地管理的费用，这些农业环境计划和政策有利于开展传统的土地管理实践活动、环境保护和提高生物多样性种类。

(三)自然遗产保护政策

关于地质构造、地质作用、化石、岩层、特殊地形等自然遗产的保护，是地质多样性资源保护的重要内容。保护的基本条件是在可持续发展思想的指导下，对其各种资源进行具体的保护，保护必须遵循以下基本原则：第一，代际公平原则，这也是可持续发展的原则之一。也就是说当代人必须确保健康的环境、多样性的资源以及提高生产力，从而为后代人的发展提供条件和空间。第二，存在价值原则，各种地质多样性资源、地球过程等自然遗产的存在价值已经超过了人类所控制的社会、经济和文化价值。保护的目标是使区域内重要的自然资源得以保留、恢复或复原。第三，不确定性原则，因为人类关于自然遗产的影响研究还不充分，所以对它的全部潜在的意义和价值还具有不确定性。第四，预防原则，由于人类不能对环境破坏和恶化所产生的威胁进行科学的确定，因此必须提前做好预防。例如，澳大利亚关于自然遗产的保护政策中强调指出，只有能够确保一个区域的重要的地质多样性资源，才能对目标体进行移动；如果能够长期地对重要的地质多样性资源进行保护，才能对一个地区的地质多样性的成分进行利用；同时还要建立安全的预防保护措施[1]。这就是预防原则在自然遗产保护政策中的具体表现。

（四）地质多样性资金来源

地质多样性保护需要大量资金，因此，必须建立多种地质多样性资金来源渠道；同时对地质多样性专项资金进行合理的管理和支配，使该资金真正用于地质多样性资源的保护上来。目前，在全球范围内有以下这些筹措资金的方式：

第一，在保护区范围内开展可持续的旅游。随着经济的发展和人们生活条件的改善，越来越多的人加入到旅游活动中来，特别是以地质遗迹、海滨风光、山水自然旅游资源等为主的地质旅游，更受到大家的欢迎。因此，注意保护区的环境、进行游客承载量的限制、规范游客的行为，使保护区旅游得以可持续发展。该旅游收入将会为区内地质多样性资源的保护提供大量的资金。

第二，地质遗产彩票资金也为当地地质多样性保护提供资金来源。如建立儿童地质俱乐部、编写地质多样性教育材料、发展地质旅游交通等都可以用这批资金来解决。

第三，加入到当地地质多样性行动计划中的当地社团、政府、

〔1〕 Murray Gray, *Geodiversity: Valuing and Conserving Abiotic Nature*, John Wiley & Sons, Ltd, 2004, p. 329.

商业和企业等，也可以为地质多样性资源的保护提供一定的资金支持。

七 宣传地质多样性知识

对地质多样性资源进行保护和开发是实现可持续发展的重要内容，而可持续发展只有得到公众的支持才能实现，因此，对地质多样性资源的保护也必须得到公众的支持。

首先，让公众理解什么是地质多样性。地质学作为一门核心科学，目前只有极少数学校开办。这就需要在大学或学院增设地质或相关专业，如地理、环境等专业；同时还需要多设立专门的地质研究机构，对其进行专门研究；多建立科技博物馆、游客中心、主题公园等科技场所，或通过电视、会议、儿童俱乐部等多种地质多样性知识的宣传活动等等，让公众了解地质多样性知识。

其次，引导公众正确欣赏地质多样性的价值。岩石、化石、矿物都是在久远的年代，甚至几百万年或更长的时间以前形成的，代表着过去唯一的环境和事件。如果这些东西一旦损坏或失去，一般情况下不能简单地再现。我们很少有人能把每天的生活和地质多样性联系起来；还有人虽然对寻找化石和恐龙的足迹感兴趣，却很少能理解它们的地质意义。因此，地质多样性只有被提升为当地的遗产和文化，作为教育和学习的重要资源，其价值才能被人们所充分认识。现在的各种媒介在鼓励人们保护地质多样性方面有重要的作用。

最后，必须鼓励公众进入自然保护区、国家公园、世界地质公园等地质多样性的保护场所，让他们在欣赏风景的同时，增加对地质多样性珍贵性的认识，这样自觉参与到当地的各种地质多样性保护行动中去。如海岸环境、城市发展规划、风景特征评估等行动。这些行动不仅增加了人们对地质多样性的直接认识，还提高了人们的环境保护、资源利用的意识等，这些都有利于地质多样性的可持续发展。

第七章

大别山湖北地区地质多样性资源评价

第一节 大别山概况

一 大别山概况

大别山位于中国中部地区的湖北、河南、安徽三省接壤地带，介于北纬30°10′～32°30′，东经112°40′～117°10′之间。大别山西接桐柏山，东延为张八岭，三者合称淮阴山，是长江、淮河流域的分水岭。西段呈西北—东南走向，东段(长270公里)呈东北—西南走向。西段的桐柏山一般海拔500米左右，主峰太白顶海拔1140米，为淮河发源地。大别山平均海拔1000米左右，主峰“天堂寨”海拔1729米，位于湖北省罗田县东北，与安徽省金寨县接壤处。

大别山山地被断层分割成许多菱形断块，多深谷陡坡，地形复杂，坡向多变，坡度多在25°～50°。其中中山面积约占全部山区的15%，其余多为低山丘陵。东南侧的湖北黄梅到安徽桐城一带，山麓线挺直，坡度有的地方达到50°以上，是明显的断层崖。山间谷地宽广开阔，并有河漫滩和阶地平原，是主要农耕地区。大别山较周边地势为高，南北两侧水系较为发育，河流分别注入长江和淮河。注入长江的主要河流有蕲河、浠水、大悟河、滠水、潜水等；流入淮河的主要河流有口河、竹竿河、潢河、灌河、史河等。山地南北侧在最近几十年修筑了许多人工水利设施，如佛子岭、白莲河等水库。早年的大别山区森林葱郁，但由于长期遭受人为的破坏，森林覆盖率降低，水土流失严重，水库淤塞严重。现有次生森林以马尾松、杉、栎为主。大别山区是中国茶叶主产区之一，其中皖西"六安瓜片"、鄂东北的"汉绿都"是有名的品种，其中英山县茶叶年产量曾经位居全国第四。湖北罗田、安徽金寨有桑蚕业。板栗、油桐、油茶、乌桕、漆树等经济林木在低山丘陵区广布[1]。

二 大别山研究的个案意义

(一)大别山对中国地质研究的影响

大别山地质构造基础是古生代华力西中期的秦岭—大别山造山带。该造山带是横亘中国大陆中部的一条巨型山链，是华北地块与扬子地块的结合部，在多期碰撞造山运动影响下，形成的一系列变质地体。秦岭—大别山造山带长约1500公里，宽约100～250公里，这一地区包括秦岭、大巴山、武当山、大别山等山脉。在地理上，徽成盆地和南阳、襄樊盆地把造山带分为西秦岭、东秦岭和桐柏—大别山三段[2]。它作为造山带的典型进行研究，主要包括大陆边缘、大陆碰撞造山、造山带构造历史等重大基础地质理论。另外，世界地质科学的一个重要发展就是在世界各地陆续发现超高压变质岩，而在大别山区许多地点连续发现多种超高压变质岩类[3]。这些

〔1〕 http://baike.baidu.com/view/38417.htm。

〔2〕 赵宗薄：《试论陆内型造山作用——以秦岭—大别山造山带为例》，《地质科学》1995年第1期。

〔3〕 同上。

发现对中国乃至世界地质学的发展都具有重要意义。在整个秦岭—大别山造山带范围内，大别山的变质地层发育最全。其范围西起南阳盆地东缘桐柏—枣阳一带、东至郯庐断裂桐城—黄梅一线、南起襄樊—广济断裂、北至桐柏—磨子潭断裂，长约420公里、宽约120公里，前寒武纪变质岩分布面积达3.5万平方公里[1]。

总之，大别山分隔了华北地块和扬子地块，是全球研究造山带地质学的经典地区，以其地质遗迹的完整性、典型性、稀有性和广泛的国际对比意义而享誉世界，是研究地球早期演化的天然博物馆和研究造山带地质学的天然实验室[2]。

(二)大别山对中国气候的影响

从对中国气候的影响来看，大别山脉与西部的秦岭横亘于中国中部，连绵千余公里，是中国南北水系的分水岭，分开了长江、淮河两大水系。而南北两地的气候环境截然有别，主要表现在气温、降水两个方面。因此，对大别山的研究在中国南北气候过渡带方面具有重要意义。大别山属北亚热带温暖湿润季风气候区，具有典型的山地气候特征，气候温和，雨量充沛。温光同季，雨热同季，具有优越的山地气候和森林的气候优势。年平均气温12.5℃，平均降水量1832.8毫米，空气相对湿度平均79%；年平均气温比附近的城镇低5.2℃，降水比附近的地区多360毫米。

(三)大别山对中国历史文化的影响

大别山不仅是长江和淮河的分水岭，在历史上，它还分开了吴国、楚国两地，因此大别山南北两侧形成了截然有别的风俗民情。

大别山地区还是重要的"红色革命圣地"，有着丰富的"红色革命"资源。中共领导的土地革命战争时期，发生了著名的黄麻起义。从鄂豫皖交界的大别山里走出了中华人民共和国的两任国家主席一位军队元帅和三百多位开国将军。她为中国革命的胜利作出了重要贡献，在中国革命历史中有着不可磨灭的影响和特殊的地位。

---

〔1〕 索书田、桑隆康等著：《大别山前寒武纪变质地体岩石学与构造学》，中国地质大学出版社1993年版，第16页。

〔2〕 杨智、喻长友：《湖北大别山(黄冈)省级地质公园》，《资源环境与工程》2007年第5期。

大别山山川秀美、地灵人杰。这里不仅是活字印刷术发明者毕升故里，还是明代“医圣”万密斋、京剧鼻祖余三胜、辛亥革命元勋张振武的故乡。沧桑的古老历史，丰富的人文资源，众多的英才豪杰，传奇的风云故事，神秘的遗址遗迹，这一切构成了大别山独具魅力的人文地理。

(四)大别山对中国社会、经济发展的影响

第一，通常所说的大别山地区，是指横跨鄂豫皖三省，涉及六市三十六个县的区域范围，总面积约达十余万平方公里，人口超过5000万。现行的大别山行政区划详情见下图。再加上其联结南北、沟通东西的独特的区位条件，所以其社会经济的发展不仅关系到中部地区的崛起，甚至还影响到全国的发展格局和步伐，因此具有重要的战略地位。

第二，由于大别山独特的地质构造基础，地质遗迹分布十分广泛，出露有古老的造山带根带物质，发育有典型的超高压变质岩，保留有完美的构造活动形迹，展现出强烈岩浆活动的产物等[1]。这一地区保留有丰富的地质旅游资源，如：河南商县金刚台国家4A级地质公园、湖北英山温泉、湖北罗田大别山国家森林公园、湖北麻城五脑山国家森林公园、天堂寨风景名胜区、鸡公山国家级风景名胜区等。所以说该区丰富的地质旅游资源对中国乃至世界都有一定的意义和影响。

第三，虽然大别山地区具有以上重要的战略地位和意义，但目前看来，很多资源还没有得到充分、合理的开发，落后的交通等等各种历史和现实的原因，使得该地区经济发展还比较落后。因此，发展大别山地区的经济也是时代发展和社会进步的必然。

总之，无论是从地质研究、气候影响，还是从历史文化、社会经济发展来看，大别山地区都具有重要的地位和影响，因此对其地质多样性进行专门研究具有重要的意义。

---

〔1〕 杨智、喻长友：《湖北大别山(黄冈)省级地质公园》，《资源环境与工程》，2007年第5期。

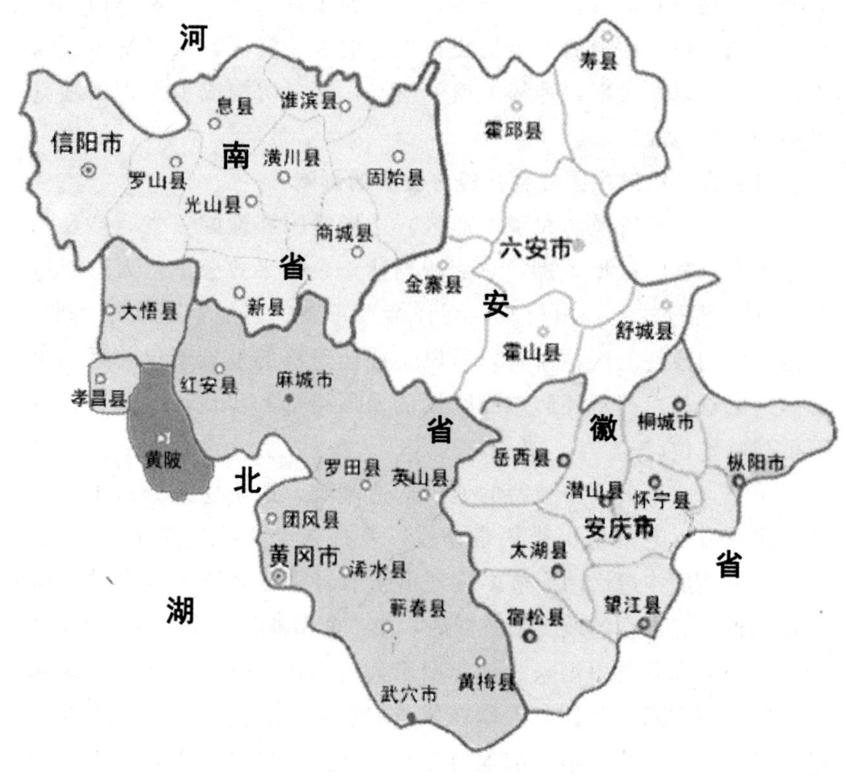

图 7-1 大别山区域图

Fig 7-1 Administration divisions map of the Dabie mountains

第二节 大别山湖北地区概况

一 大别山湖北地区范围

湖北地段的大别山位于湖北省东北部，具体包括武汉市黄陂区，黄冈市黄州区、武穴市(县级市)、麻城市(县级市)、罗田、英山、红安、蕲春、黄梅、团风、浠水县，孝感市的大悟、孝昌县，计两

图 7-2　大别山湖北地段在湖北省的位置图

Fig 7-2　The map oflocation about the Dabie mountain district in Hubei province

个区、两个县级市、九个县，区域总面积约24093平方公里，共约1066万人。图6-2反映的是湖北大别山区在湖北省的位置；图7-3是大别山湖北地段具体行政区划和主要交通图。

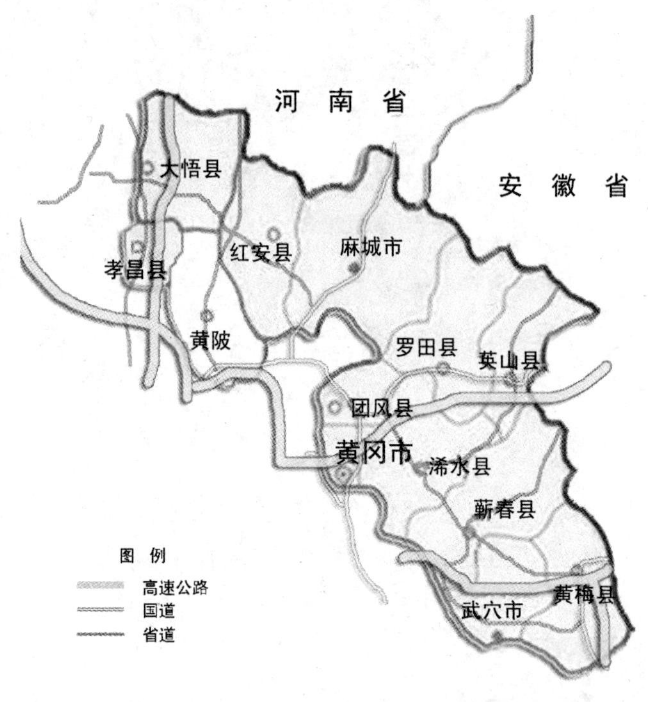

图7-3　大别山湖北地区行政区划和交通图

Fig 7-3　Theregion range and communication of the Dabie mountains in Hubei province

二　大别山湖北地区概况

(一)黄冈市概况

1. 优良的地理位置

黄冈地处湖北省东部、大别山南麓、长江中游北岸，京九铁路中段。现辖一区(黄州)、二县级市(武穴、麻城)、七县(红安、罗田、英山、浠水、蕲春、黄梅、团风)和一个县级龙感湖农场。东西最长距离为166公里，南北最宽跨度为209.5公里，总面积17446平方公里，占湖北省总面积9.4%。共有25个民族，人口750万。

2. 多样的地形地貌

黄冈市平原占12.10%，岗地占10.34%，丘陵占43.31%，山地占34.25%，自北向南逐渐倾斜。东北部与豫皖交界为大别山脉，主脊呈西北—东南走向[1]，中部为丘陵区，南部为狭长的平原湖区，海拔高度在10—30米之间，河港、湖泊交织。发源于大别山脉的举水、倒水、巴水、浠水、蕲水和华阳河六大水系，均自北向南流经市域汇入长江[2]。

3. 源远流长的历史文化

黄冈有两千多年的建置历史，产生了中国佛教禅宗四祖道信、五祖弘忍、六祖慧能，宋代活字印刷术发明人毕升，明代“医圣”李时珍，现代地质科学家李四光，诗人闻一多，为中华民族乃至世界历史发展作出了重要贡献。它还是中共早期建党活动的重要地区和鄂豫皖“革命根据地”的中心；组建了红十五军、红四方面军、红二十五军、红二十八军等；发生了“黄麻起义”、新四军中原突围、刘邓大军千里跃进大别山等重大革命事件。先后有44万儿女英勇捐躯；还诞生了董必武、陈潭秋、包惠僧三名中共“一大”代表；董必武、李先念两位中华人民共和国国家主席；林彪、王树声等两百多名中华人民共和国开国将帅。

4. 丰富的自然资源

黄冈水资源总量丰富，达106.67亿立方米，水能蕴藏量达33.4万千瓦。地热资源丰富，已发现12处，英山汤河、罗田三里畈、蕲春桐梓等处温泉已开发利用。全市已探明矿种50余种、多种矿床点230余处。其中比较著名的是蕲春的硅石矿、红安萤石矿、黄砂、铁砂、花岗石、大理石等等。有野生植物1112种，其中珍稀树种有41种；森林覆盖率为32.4%；野生动物40余种。

5. 不断增强的综合实力

近年来黄冈市经济社会长足发展。2007年全市实现GDP473.74亿元；人均GDP7095元；一、二、三产业产值占GDP的比例分别

---

〔1〕 湖北省农业区划委员会办公室编：《湖北山区县情》，西安地图出版社1989年版，第265页。

〔2〕 参见http://baike.baidu.com/view/7875.htm#1。

为 31.74∶33.22∶35.04。全年社会消费品零售总额 223.66 亿元；外贸出口 3.62 亿美元；实现财政收入 45.27 亿元[1]。本地工业初步形成食品饮料、医药化工、纺织服装、建筑建材、机械电子五大支柱产业。实现工业生产快速增长、产业结构不断优化、民营经济迅速崛起、工业外向度逐渐提高的态势[2]。农业建成全国重要的优质粮油基地，蚕茧、板栗、茯苓、淡水珍珠等农产品产量居湖北前列。

(二)大悟县概况

1. 区位优良，设施完善

大悟县位于湖北省东北部，北邻河南省信阳、罗山二县，东邻河南省新县、湖北红安县，南与武汉市黄陂区、孝感市孝昌县接壤，西连广水市。现辖 17 个乡镇，人口 63 万，县域面积 1978.9 平方公里[3]。其地处鄂北门户，北眺中原大地，南瞰江汉平原，县城距京广铁路 12 公里，紧邻公路 107 国道，距武汉天河国际机场 120 公里，京珠高速公路(北京—珠海)直贯全境，与境内其他省道公路交织形成四通八达的公路网[4]。初步形成了高科技、快节奏、全方位多层次的邮电通讯网络，城镇建设初具规模，城镇布局渐趋合理，功能逐步完善。

2. 地形复杂，资源丰富

大悟县地处大别山脉西部，地形较为复杂，具有“七山一水二分田”的特征，其中低山丘陵约占总面积的 88%。以北部五岳山、西部娘娘顶、南部大悟山、东部仙居顶四座山峰构成地貌的基本骨架，环河、滠水、竹竿河三条主要河流，跨越长江、淮河两大流域，兼有南北气候之特点，水、光、热资源丰富[5]。

境内大小支流 324 条，总蓄水量 4.2 亿立方米。大悟矿产资源丰富，现已探明的矿藏有 37 种 140 处矿点，其中金、萤石、大理石品质好，易于开采。磷储量居湖北省第二位；孔雀绿大理石目前整

---

〔1〕 杨智、喻长友：《湖北大别山(黄冈)省级地质公园》，《资源环境与工程》2007 年第 5 期。

〔2〕 参见 http：//baike. baidu. com/view/7875. htm#1。

〔3〕 参见 http：//baike. baidu. com/view/61719. htm。

〔4〕 同上。

〔5〕 同上。

个亚洲只有大悟和台湾出产。大悟土特产品品种繁多，中药材 286 种，尤以桔梗著名；花生、鲜桃、桐油产量居全省之首[1]。

3. 革命老区、经济新秀

大悟是全国著名的“革命老区”和“将军县”，中国工农红军拥有的第一架飞机“列宁号”在这里起飞，举世闻名的“中原突围”在这里打响；有 7 万人为共和国建立献出宝贵生命；产生了徐海东、刘华清等 100 多位高级将领[2]。大悟也是民国大总统黎元洪的故乡。1978 年改革开放以来，大悟县立足本县区位和资源优势，大力实施富民强县战略，促进了县域经济持续、快速、健康发展。据统计，2006 年全县生产总值达到 36.82 亿元，财政收入首次突破 2 亿元，全社会固定资产投资 14.7 亿元，农民人均纯收入达到 2340 元，实现了发展速度、效益、后劲同步增长。

(三)孝昌县概况

1. 地理位置及地貌

孝昌县为孝感市下辖县，位于湖北省东北部，大别山南麓、江汉平原北部；面积 1217 平方公里，占孝感市总面积的 13.4%[3]。辖 12 个乡镇和 1 个县经济开发区，总人口 60 万。孝昌县地形北高南低，溶蚀低山与切割丘陵互为穿插。地貌以丘陵山地为主，澴水居中贯穿南北。东北部为低山区，海拔 500～1000 米，占县域的 33%；西南部低矮缓丘，海拔在 100～500 米，占县域的 62.7%；澴河两岸为冲积平原，占县域的 4.3%。

2. 气候与资源

孝昌属亚热带季风性湿润气候。一年四季分明，热量丰富，雨量充沛，无霜期长，具有“光、热、水”同季的特点[4]。水资源丰富，全县有大小河流 16 条，水资源总量为 12.07 亿立方米。矿产资源较丰富，种类繁多，已初步探明的矿产资源有 23 种，矿床(点)达 85 处。全县有陆生脊椎动物 300 余种。各种野生动物约 40 余种。全

[1] 参见 http://baike.baidu.com/view/61719.htm。

[2] 参见 http://www.hbdawu.gov.cn/about/dwgk/23.html。

[3] 参见 www.hgdaily.com，中国黄冈网，2008 年 6 月 15 日。

[4] 参见 http://www.hbxc.cn/xcgk/ShowClass.asp?ClassID=13。

县林业用地 48.7 万亩，植物资源有 70 科 147 属 240 种。

3. 经济概况

2005 年，全县完成生产总值 24.81 亿元；实现财政收入 8542 万元；完成全社会固定资产投资 11.6 亿元；社会商品零售总额 10.9 亿元。经济总量持续增长，综合经济实力显著增强，基本实现了经济发展速度、效益、后劲的统一。

(四)黄陂区概况

1. 地理位置

黄陂区为武汉市下辖区，位于该市北部，东与红安县、新洲区接壤，西与孝感市毗连，北与大悟县交界。区境南北最大纵距 104 公里，东西最大横距 55 公里，总面积 2261 平方公里。

2. 地貌气候

黄陂区北依大别山南麓，南临长江，整个地势北高南低，西北为低山区，东北为丘陵区、中部为岗状平原区、南部为滨湖平原区的阶梯地形，形成“三分半山，一分半水，五分田”的地貌特征。气候属亚热带季风气候，雨量充沛、光照充足，热量丰富，四季分明。年平均气温为 15.7℃—16.4℃。年均降水量在 1000—1200 毫米之间，雨量分布的时空差异较大，洪涝干旱时有发生，严重影响全区工农业生产。全境水系有滠水、界河及北湖三个水系和 5 个主要湖泊。

3. 自然资源

黄陂自然资源丰富。已初步探明的矿产资源有金矿、铜矿、磷锰矿、白云岩、红砂、高岭土等二十余种。野生动物资源 70 余种，其中国家二级保护动物有黄嘴白鹭、猫头鹰两种，省级保护动物有娃娃鱼、中白鹭以及黄陂黄牛等 10 余种。境内有树木 1000 余种，常见的有 265 种，珍贵树种有银杏、水杉及木兰花茶等。主要土特产品有花生、芦笋、桔梗、柿子、桃、李、荸荠等。

第三节　大别山湖北地段地质多样性资源概况

一　区域地质基础

（一）岩石与矿产

1. 岩石

第一，大别山具有薄皮构造的性质。组成两个碰撞大陆之间的滑脱（冲断剪切）带的岩石就是碰撞混杂岩组合，其根带是出露于北部的条带状片麻岩组合，即通常所说的磨子潭—晓天断裂带以南〔1〕。大别山碰撞混杂岩组合可分为南北两部分。北部为条带状片麻岩—超镁铁岩组合，南部为云母斜长片麻岩—榴辉岩组合，这两个组合的大部分都经历过超高压变质作用。它们的共同特点是具有宏观的“碎斑结构”和混杂作用〔2〕。

第二，大别山变质岩带布于麻城—团风断裂以东的英山、罗田、麻城、浠水、蕲春一带，并向北、向东延伸至安徽金寨、岳西、太湖等地，呈穹隆状，轴向北东，总面积约 20000 平方公里，在湖北省境内的约占总体的 3/5 左右。这个变质岩带四周被深（大）断裂围限，局部被“红安群”不整合覆盖。变质地层为大别山群，原岩是一套以钙碱性火山岩系为主的含硅铁基性—中酸性火山沉积变质岩系，厚逾 25000 米。变质作用以低角闪岩相、高角闪岩相为主体，局部有麻粒岩相，属中压相系，晚期有广泛的混合岩化作用叠加后形成的各类混合岩、混合片麻岩、混合花岗岩有较好的分带性〔3〕。

第三，从出露的桐柏—大别杂岩的岩石和变质特征来看，其年代属于新太古代—古元古代之间。它们原来属于华北地块的南缘，于中—新元古代才从华北地块裂解出来，成为微古陆或岛弧出现于

---

〔1〕 徐树桐、吴维平等：《大别山的变质碰撞混杂岩——以东部为例》，《地质力学学报》2008 年第 1 期。

〔2〕 参见 http：//www. hbxc. cn/xcgk/ShowClass. asp? ClassID=13。

〔3〕 湖北省地质矿产局主编：《中华人民共和国地质矿产部地质专报——湖北省区域地质志》，地质出版社 1990 年版，第 692 页。

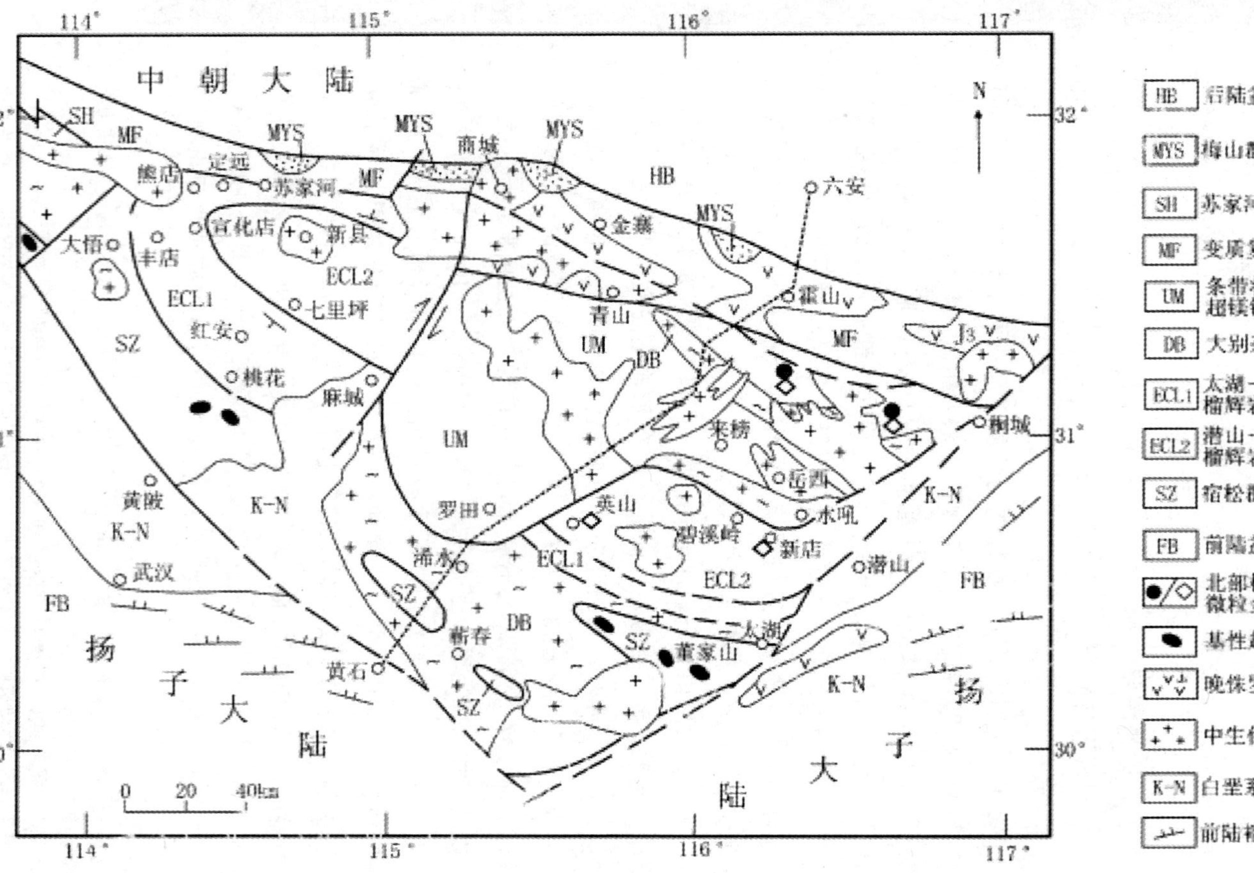

图 7-4 大别山地质略图

Fig 7-4 Geologic sketchmap of the Dabie Mountains

新元古代晋宁期的陆间海。

第四，大别变质主体属角闪岩相变质，仅局部保留高压麻粒岩的特征。超高压变质岩在本区主要为榴辉岩，在空间上呈带状分布，以透镜状、团块状、条带状、似层状出现于不同的围岩中[1]。

第五，主要变质岩类型有黑云斜长片麻岩类；角闪斜长片麻岩类；白云斜长片麻岩类；变粒岩类；浅粒岩类；斜长角闪岩、角闪片麻岩类；富铝质片岩；云母片岩、云英片岩类；大理岩及钙硅酸盐岩类；石英岩和磁铁石英岩类；麻粒岩类；榴辉岩及榴闪岩类 12 个大类[2]。

(2)矿产

由于大别山湖北地段位于秦岭—大别山造山带的东缘、华北板块与扬子板块的结合部，地质构造复杂，岩浆活动强烈，成矿地质条件有利，形成了种类较多、组合各异、总量较丰富的矿产资源[3]。湖北大别山区矿产资源分布详情见表 7-1。

第一，从上表可以看出，大别山湖北地区矿产资源种类较多，主要有优质花岗岩、石英岩、黄砂和水泥石灰岩、萤石及地热、饮用矿泉水[4]。其中，孝昌县的白云石储量 1.5 亿吨，含镁均为 21.2%～22%，是中南地区特大 A 级矿床，品位和储量居全国第一位。

第二，矿产资源分布较为分散，无法形成规模开采。另外，由于金属矿床大都需地下开采和选矿，所以该区域矿产需要地下开采和选矿的较多，相应的采矿成本也增加。

第三，矿床规模小，仅有几个中型矿床，其余均为小型和矿点，而且较分散。小型矿床主要为砖瓦黏土和建筑砂石等非金属矿产，金属矿产绝大多数为矿点。

---

〔1〕 赵宗溥：《试论陆内型造山作用——以秦岭—大别山造山带为例》，《地质科学》，1995 年第 1 期。

〔2〕 湖北省地质矿产局主编：《中华人民共和国地质矿产部地质专报——湖北省区域地质志》，地质出版社 1990 年版，第 670 页。

〔3〕 杨昌明、田家华：《矿产资源与湖北经济》，http：//www. e21. cn/zhuanti/sjlt/019. html。

〔4〕 同上。

表 7-1 大别山湖北地区矿产资源

Table 7-1 Mineral resources of the Dabie mountains in Hubei province

地区名称	资源种类	主要矿产资源
麻城市	24	大理石、优质陶土、花岗岩、硅石、玄武岩、钛、铁、铬、铜
红安县	15	红金石矿、金属钛、萤石、大理石
罗田县	26	水晶、白云母、长石、萤石、石棉石、陶土、金、银、铁砂、铅
团风县	35	金、铁砂、铀、铜、花岗石、硅石、白云石、大理石、黄砂、矿泉水
英山县	26	地热、矿泉水、花岗岩、长石、大理岩、脉石英、磁铁矿、河砂
浠水县	25	金、磁铁矿、钒钛磁铁矿、铜硫铁矿、黄砂、花岗岩、大理石、硅线石、钾钠长石、水晶、石英、白云岩
蕲春县	39	金、煤、钒钛磁铁、石英石、花岗石、矿泉水、白云石、蛇纹石、石灰石、钾长石、大理石、滑石、瓷土
黄梅县	16	铁、磷、石英、石膏、硅石、钾长石、滑石粉、瓷土、
大悟县	38	金、铜、磷、大理石、石灰石、花岗岩、萤石、蛇纹岩
孝昌县	23	铜、铝、白云岩、硅石、石灰岩、高岭土、黏土、花岗石、红砂石、大理石、白萤石、重晶石、石英石、滑石、磷、铅、锰、黄铁石
武穴市	45	铅、锌、铜、金红石、石灰岩、白云岩、花岗岩、磷、钾、煤硅石、石棉
黄陂区	23	金、铜、磷锰矿、白云岩、红砂、石英砂岩、石英岩、绿片岩
黄州区	19	铁、锰、矾石、红砂石、黄砂、砖瓦泥土、陶瓷泥土等

资料来源：http：//www. govtv. cn/Article _ show. asp? ArticleID = 758；http：//www. xingshi. org/info/975 — 1. htm；http：//www. hbxc. cn/xcgk/ShowArticle. asp? ArticleID＝128；http：//baike. baidu. com/view/257991. htm＃5；http：//tieba. baidu. com/f? kz＝359386822；http：//www. xishui. gov. cn/2007－12/22/cms3103article. shtml；http：//f1. chinays. gov. cn/ysgtj/news/html/? 284. html；http：//www. mcgt. cn/shownews. asp? newsid＝2328。

第四，化工原料、建筑材料、冶金辅助材料等比较丰富，矿石质量好，如磷矿、河砂、花岗岩、大理石等资源。而能源矿产资源不足，如煤、石油、天然气严重短缺；金属矿产主要为铜、铅、锌、金、银、铬等，资源储量有限，前景不容乐观；特种非金属矿稀少。

(二)地层和构造

在桐柏—大别造山带边界剪切带所限定的范围内，出露了由不同时代、不同变质程度、不同变形样式的变质岩石组合而成的构造—地层单位。根据各种地质测量以及各项地质专题研究，初步建立了桐柏—大别造山带的构造—地层序列如下表[1]。

表 7-2　桐柏—大别造山带的构造—地层序列

Table 7-2　Tectono-stratigraphic sequence of the Tongbai-Dabie Orogenic Belt

<table>
<tr><th colspan="2">地质时代</th><th>地层及构造—地层单位</th><th>同位素年龄（Ma）</th><th>岩浆活动（Ma）</th><th>主要碰撞及构造事件</th></tr>
<tr><td>中新生代</td><td>M_2+K_2</td><td>第三系及地四系
白垩系
侏罗系</td><td></td><td rowspan="8">花岗岩 175—80
阿尔卑斯型橄榄岩 244±11
高坝岩 C 榴辉岩 221±20

木子店花岗岩 436—433
凤凰关英云闪长岩 796.1
鲤鱼寨英云闪长岩 858±137
溢流河花岗岩 994±34
新店花岗岩 1213
黄陵超基性岩 1368
大阜山基性—超基性岩
1937±74—1556±159</td><td rowspan="8">燕山运动
印支运动

加里东运动
晋宁运动
四保运动
吕梁—中岳运动
大别运动</td></tr>
<tr><td>晚古生代</td><td>Pz_2</td><td>石炭系
南湾组</td><td>355</td></tr>
<tr><td>早古生代</td><td>Pz_1</td><td>苏家河群及龟山组</td><td>393±8
415±36</td></tr>
<tr><td>震旦系</td><td>Z</td><td>青山寨组、尚家店组、耀岭河组</td><td>730—970</td></tr>
<tr><td>中新元古代</td><td>Pt_{2+3}</td><td>随县群、大狼山群</td><td>1304—844</td></tr>
<tr><td>古元古代</td><td>Pt_1</td><td>七角山组</td><td>1850</td></tr>
<tr><td>新太古代</td><td>Ar_2</td><td>大别杂岩的表壳岩系</td><td>2500—2650
1796±69
2891</td></tr>
</table>

[1] 赵宗薄:《试论陆内型造山作用——以秦岭—大别山造山带为例》,《地质科学》1995 年第 1 期。

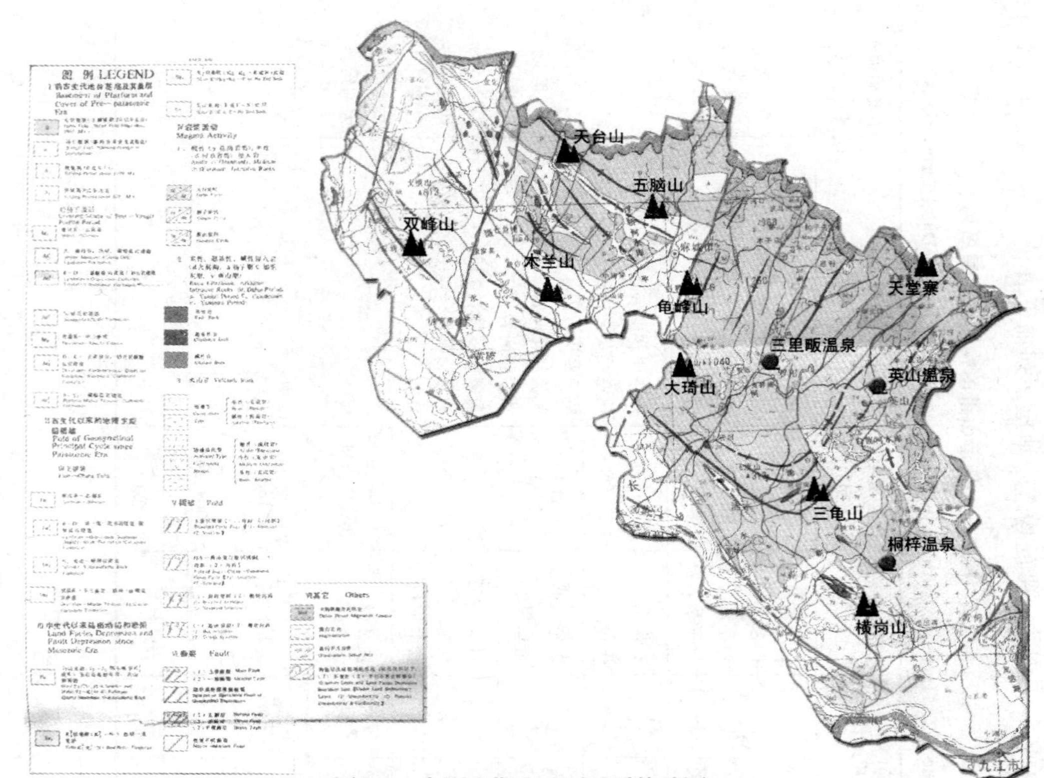

图 7-5　大别山湖北地区地质构造图

Fig 7-5　Geologic structure map of the Dabie Mountains in Hubei province

(三)古生物

据研究，由于秦岭—大别造山带在地质历史上曾经出现过大洋环境，所以后来在对大别山地体进行研究时，发现大量的古生物化石，从而通过同位素年龄的测定来帮助确定大别山地体的形成年代。

例如，在将北淮阳浅变质岩系列分为上下两个构造层，不整合面之上的浅变质岩系中发现晚古生代化石，显然位于不整合面之下的变质岩系可能为前石炭纪。还有 1987 年台肥工业大学陆光森等人在不整合面之上的杨山煤系地层的底砾岩中发现了志留纪珊瑚、介形虫、牙形石及蓝藻等化石，因此确定该区的下构造层应包括志留纪地层，同时推测出北淮阳变质岩系可能是加里东期构造变动的产物。在桐柏—大别山南侧的随州—广济地区，有地质探测人员在“随县群”中发现了腕足类、腹足类、珊瑚和微体古生物化石，据此认为“随县群”也应包括志留—泥盆纪地层，甚至有可能发现更新一些的晚古生代地层。这些含化石的泥质碳酸盐岩岩层为透镜状包裹在浅变质岩系中。据此可推测该区构造变动应为加里东期或其后[1]。

(四)地质作用

首先，秦岭—大别造山带在地质历史上曾经出现过大洋环境。它与南北两个古大陆之间的关系是通过不同性质的大陆边缘演化而逐渐发展的。首先是洋壳向陆壳下面俯冲、消减，最终导致两个大陆壳的对接碰撞，发生陆内俯冲，形成复杂构造格架的结构样式[2]。

其次，该造山带从古、中元古代就已经开始进行局部拉张演化，经过晋宁期古生代加里东运动的影响，产生褶皱变质。在中生代印支—燕山期表现为南北两大地块的最后一次碰撞，并连接在一起。在空间上表现为多构造岩片或地体的连接，具有南北分带、东西分段的空间组合特征[3]。主要由前震旦纪地层和侵入岩构成，以花岗岩、片麻岩等为主。麻城以东部分受燕山运动影响更为显著。山地

〔1〕 马宝林：《桐柏山—大别山的地体的构造演化和构造特征》，《地震地质》1991 年第 1 期。

〔2〕 赵宗溥：《试论陆内型造山作用——以秦岭—大别山造山带为例》，《地质科学》1995 年第 1 期。

〔3〕 同上。

经褶皱后，曾一度准平原化。现今山地轮廓为此后的断层运动所形成。断层运动至今仍在进行，1923 年霍山大地震即为明显一例。

二　地质多样性表现形式

(一)地貌多样性

大别山西段走向呈西北—东南向，东段呈东北—西南向，总长 270 千米。其地势东、北高，西、南低，北部海拔 500 米以上，中部、南部低平，一般在 300 米以下，最高山峰“天堂寨”海拔 1729 米，位于湖北省罗田县东北。大别山地形复杂，中山、低山、丘陵、平原都有，其中山面积约占全部山区的 15%，其余多为低山丘陵。大别山山地被断层分割成许多菱形断块，坡陡、谷深。坡向多变，坡度多在 25°～50°；东南侧黄梅到桐城一带，山麓线挺直，山坡陡到 50°以上，是明显的断层崖。山间谷地宽广开阔，并有河漫滩和阶地平原。大别山湖北地段地形地貌具体如图 7—6 所示。

(二)生物多样性

大别山湖北地段地质构造古老，气候温和，地形地貌复杂，因此该区蕴藏着丰富的生物多样性，被世界公认为是中原地区的物种资源库和生物基因库，并被列入《中国生物多样性保护行动计划》中的“中国优先保护生态系统名录”，具有很高的保护和科研价值[1]。

1. 植物多样性

大别山湖北地区地处亚热带北部，气候属于亚热带湿润大陆性季风气候，雨量充沛，热量充足，气候温和。年均温 14℃～17℃，年降水量 1100～1400 毫米，无霜期 230～270 天，光能资源丰富。水热的时空分布与自然植被和作物生长发育节律同步。成土母质主要以片麻岩及其坡积物等发育起来的山地黄棕壤为主。地形为由东北向西南构成的一个背风向阳的阶梯状的斜坡。适宜的气候环境、复杂的地形、多样化的小生境，为植物的生长发育提供了有利条件，形成了较为复杂的植物群落和独特的植物区系[2]。

---

〔1〕 方元平、蔡三元等：《鄂东大别山区生物多样性及其保护对策》，《安徽农业科学》2007 年第 1 期。

〔2〕 王映明：《湖北大别山植被》，《武汉植物学研究》1989 年第 1 期。

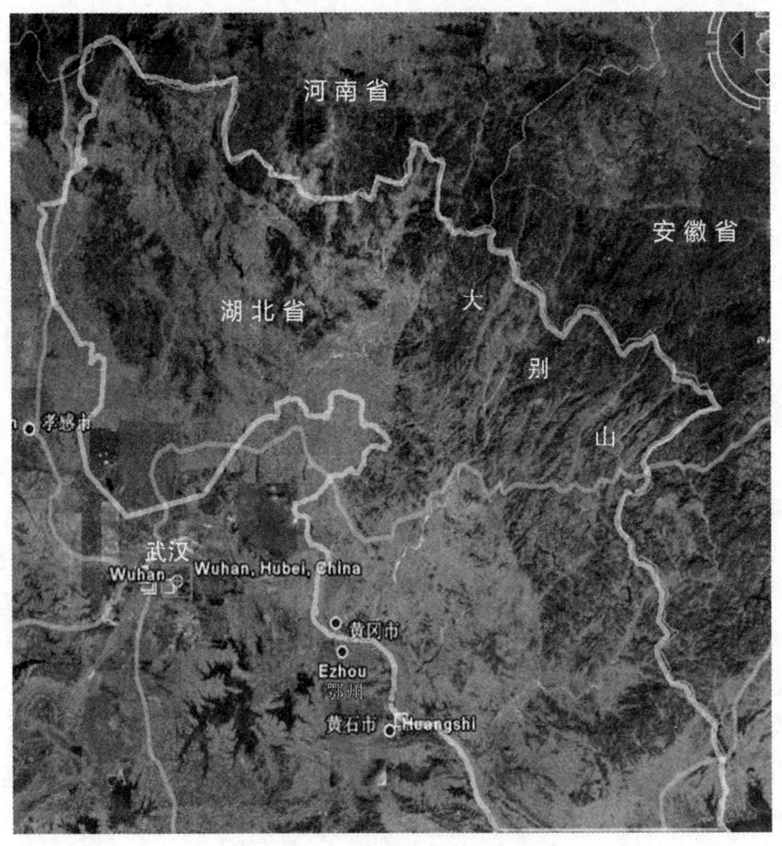

图 7-6　大别山湖北地段地貌图

Fig 7-6　The general configuration of the earth's surface map of the Dabie Mountains in Hubei province

大别山植物多样性总的说来具有以下特点：

第一，植物种类丰富、多样。该区野生维管植物(一般不含外来种和栽培种)有 195 科 663 属 1461 种，占湖北省总数的 24.27％和中国总数的 5.25％。其中，蕨类植物 27 科 49 属 82 种，占湖北省总种数的 22.16％和中国总种数的 3.15％；裸子植物 8 科 16 属 22 种，占湖北省总种数的 22.00％和中国总种数的 9.24％；被子植物 160 科

598属1357种[1]，占湖北省总种数的24.45％和中国总种数的5.43％[2]。亚热带植物异常丰富，暖温带、温带成分占有相当大的比重，为南北东西多种区系交汇处所。

第二，大别山地质古老，早在震旦纪初期就已隆起形成；自然环境比较稳定，自三叠纪以来基本保持温暖湿润的气候，因此在第三纪冰期成为很多植物的避难所，保存了较多古老孑遗植物和特有种属[3]。不仅有蕨类植物、裸子植物，被子植物更为突出。该区被子植物在第三纪以前就在地球上繁衍，至近代得到了进一步分化发展。该区有珍稀濒危保护植物达35种之多，在这些稀有而珍贵的植物中，有“国家重点保护野生植物”19种：银杏、南方红豆杉(一级2种)；金毛狗、大别山五针松、金钱松、巴山榧树、厚朴、榉树、香果树、楠木、野大豆、秤锤树等(二级，17种)；国家珍稀濒危保护植物27种，银杏、大别山五针松、金钱松、小花木兰、连香树、杜仲、独花兰等11种为二级；穗花杉、青檀、领春木、八角莲、黄山木兰、天目木姜子、银鹊树、金钱槭和天麻等16种为三级。大别山特有濒危物种有大别山五针松、天女花、光柱铁线莲、安徽小檗、大别山鼠尾草。目前大别山五针松区内仅保存2株大树，天女花区内仅有2小片共16株，面临绝迹。此外，区内还栽培有国家重点保护植物红豆杉、水杉、珙桐等。

第三，植物区系成分复杂，联系广泛，充分显示出过渡特征。这里不仅发育有中国15个特有属，还有大别山自己特有的16种植物。在地理上、发生上，除与周围地区有紧密联系以外，还与世界其他地区有广泛的联系。其中东亚成分与北温带成分最多[4]。以华东、华中成分为主导；与西南、华南关系十分密切；又与华东植物区系联系最为密切，是湖北境内幸存的唯一一块较完整的华东植物

〔1〕 陶光复：《湖北省大别山植物区系的初步分析》，《武汉植物学研究》1983年第1期；傅书遐：《湖北植物志》，湖北科学技术出版社2004年版，第398页；郑重：《湖北植物大全》，武汉大学出版社1993年版，第873页。

〔2〕 方元平、蔡三元、项俊：《鄂东大别山生物多样性研究》，《华东师范大学学报》(自然科学版)2007年第2期。

〔3〕 同上。

〔4〕 刘鹏、吴国芳：《大别山植物区系的特点和森林植被的研究》，《华东师范大学学报》(自然科学版)，1994年第1期。

区系代表地。构成群落的主要建群种为壳斗科、盒缕梅科、山茱科、冬青科、胡桃科、榆科、禾本科和松杉类植物，木本植物约占该区种子植物的40%以上[1]。

第四，该区森林覆盖率达90%，主要类型为典型的北亚热带落叶阔叶、常绿阔叶混交林，以壳斗科的落叶栎类分布最为广泛，区内局部地区还保存着原始次生林特征。区内海拔800米以下为常绿、落叶阔叶混交林，分布的主要树种有青桐、苦槠、石栎、冬青、黑壳楠、栓皮栎、茅栗、白栎等；海拔800米至1500米为落叶阔叶林与温带常绿阔叶针叶林，分布的主要树种有栓皮栎、槲栎、化香、枫香、粉椴、槭树、小叶青桐、刺楸、杉木、黄山松等；海拔1500米以上为山地矮林和常绿灌丛，主要分布树种有黄山栎、茅栗、黄山杜鹃等。

第五，层间植物丰富，达50余种。既有常绿藤木，也有落叶性的；不仅有草质的、木质的，还有附生、寄生植物。[2]

2. 动物多样性

大别山湖北地区动物多样性表现为以下特点：

第一，野生动物种类丰富。目前已知有脊椎动物4纲26目65科208种，占湖北省及中国大陆总种数的43.15%、8.84%。其中两栖类13种，分属2目6科[3]；爬行类32种，分属3目8科[4]；鸟类122种，分属14目33科[5]；兽类41种，分属7目18科[6]。

第二，珍稀濒危和重点保护物种多。在这些种类中处于极度濒危和长时间不断减少的动物有140种，其中重点保护野生动物27

---

〔1〕 王映明：《湖北大别山植被》，《武汉植物学研究》1989年第1期。

〔2〕 同上。

〔3〕 戴宗兴、张铭、康中汉：《湖北两栖动物的区系研究》，《华中师范大学学报》(自然科学版)，1995年第4期；蔡三元：《湖北省两栖动物区系与地理区系》，《四川动物》1995年第1期。

〔4〕 戴宗兴、杨其仁、张如松等：《湖北爬行动物的区系研究》，《华中师范大学学报》(自然科学版)1996年第1期。

〔5〕 黎德武、江礼荣、何定富：《鄂东北鸟类区系的初步调查》，《华中师范学院学报》(自然科学版)1978年第1期。

〔6〕 杨其仁、张铭、戴宗兴等：《湖北兽类物种多样性研究》，《华中师范大学学报》(自然科学版)1998年第3期；胡鸿兴、万辉：《湖北鸟兽多样性及保护研究》，武汉大学出版社1995年版，第352页。

图 7-7　大别山湖北地区植物多样性组图

Fig 7-7　The map of vegetation diversity about the Dabie Mountains in Hubei province

种，属国家Ⅰ级的有原麝、金钱豹、金雕、白肩雕、白尾海雕、大鸨和白鹳 7 种；属国家Ⅳ级的有细痣棘螈、虎纹蛙、白额雁、鸢、赤腹鹰、白腹山雕、秃鹫、白尾鹞、鹊鹞、鹗、普通灰背隼、红隼、白冠长尾雉、勺鸡、斑头鸺鹠、穿山甲、豺、水獭、小灵猫，共 20 种[1]。此外还有湖北省重点保护动物 61 种[2]。

第三，昆虫种类繁多，见于湖北省境内的大部分昆虫种类，这一地区均有分布，同时，有国家重点保护的拉步甲、中华虎凤蝶等。报道的大别山蝗虫共 8 科 43 种，其中 13 种为湖北省新记录，发现并命名的有球背微翅蚱、天堂台蚱、短翅直斑腿蝗和天堂雏蝗 4 个

---

〔1〕 湖北省林业厅等：《湖北省重点保护野生动物图谱》，湖北科学技术出版社 1996 年版，第 612 页。

〔2〕 方元平、蔡三元等：《鄂东大别山区生物多样性及其保护对策》，《安徽农业科学》2007 年第 1 期。

新种[1]。

第四，东洋界成分占优，生态生活型丰富多样。大别山湖北地段不仅拥有丰富的动物物种，而且存在着区系成分的多样性。例如在已知的41种兽类中，按地理型可划分为东洋界种21种、古北界种9种和广布种11种。其中以东洋界种类占优势，这与大别山地处东洋界华中区北缘的地理位置相适应。该区兽类的生态生活型有地下生型、半地下生活型、地面生活型、树栖型、半树栖型、半水栖型和岩洞栖息型7种生态类群，其中半地下生活型的种类19种而占优势，其次为地面生活型种类17种。爬行类和两栖类的区系成分与兽类相似，只是东洋界成分所占比例更高，分别达到68.75%和69.23%。从鸟类的区系成分看，仍然以东洋界种占优势，占49.18%。该区的鸟类有留鸟61种，其中冬候鸟28种、夏候鸟29种和旅鸟4种。繁殖鸟为该区鸟类的主体，并体现出热带鸟类的区系特征[2]。

图7-8 大别山湖北地区动物多样性组图

Fig 7-8 The map of animal diversity about the Dabie Mountains in Hubei province

第五，经济动物种类繁多，类型多样。其中兽类中毛皮兽有20种、药用兽有34种、对农林有益的食虫兽有11种；药用爬行类和药用两栖类分别有17种和3种；具有农业保护的食虫鼠爬行类和食

〔1〕 钟玉林、郑哲民：《湖北大别山蝗虫区系研究》，《华中师范大学学报》(自然科学版)2001年第4期。

〔2〕 方元平、蔡三元、项俊：《鄂东大别山生物多样性研究》，《华东师范大学学报》(自然科学版)2007年第2期。

虫两栖类分别有 11 种和 10 种；剧毒爬行动物 3 种；在鸟类中有羽用禽 18 种，观赏鸟类 57 种，狩猎鸟类 36 种，食鼠鸟类 13 种，食虫鸟类 89 种。[1]

3. 景观多样性

按照前文所提出的“景观”的概念，即景观是地球上各种地质基础(包括岩石、构造、地层、地质遗迹、古生物化石、地质作用、地质运动等)、地形、气候、土壤、生物以及人类活动等综合组成的有形展示的地域综合体。为了研究的方便，把景观多样性分为地质剖面和构造景观、地质地貌景观、生物类景观、历史人文景观。因此对大别山湖北地区景观多样性资源也从这四个方面进行概括。详情见表 7-3：

表 7-3　大别山湖北地区景观多样性资源概况

Table 7-3　Landscape-diversity's resource general situation of the Dabie mountains in Hubei province

景观类型	景观亚类	主要景观资源
地质剖面和构造景观	变质地层景观	麻城木子店镇新太古代木子店组、团风大崎乡黄土岭木子店组、红安天台山元古代西张店基性火山岩组、红安天台山新元古代青白口系武当群第二岩组
	岩浆岩景观	罗田石源河新太古 TTG 岩系、红安天台山天台寺岩体、罗田薄刀峰白垩纪薄刀峰单元、蕲春紫云水库清水河基性—超基性杂岩体、罗田三角山侏罗纪片麻状花岗岩
	板块碰撞景观	红安高桥乡康家湾榴辉岩、罗田城关朱家河高压榴辉岩
	剪切带景观	麻城—团风北东向韧性剪切带、麻城芦家河北西向韧性剪切带
	断裂带景观	麻城—团风断裂带、蕲州断裂带、麻城芦家河北西向脆性断层带、黄梅潘河北东向断裂带

〔1〕 方元平、蔡三元、项俊：《鄂东大别山生物多样性研究》，《华东师范大学学报》(自然科学版)2007 年第 2 期；国家林业局：《国家保护的有益的或者有重要经济、科学研究价值的陆生动物名录》，《野生动物》2000 年第 5 期；黎德武：《湖北省药用脊椎动物的研究》，《华中师范学院学报》(自然科学版)1983 年第 5 期。

续表

<table>
<tr><th>景观类型</th><th colspan="2">景观亚类</th><th>主要景观资源</th></tr>
<tr><td rowspan="5">地质地貌景观</td><td colspan="2">花岗岩奇峰</td><td>天堂寨、龟峰山、天台山、大崎山、三角山、横岗山、太平山、大悟山、五岳山、天台山、九焰山、老君山、斗方</td></tr>
<tr><td colspan="2">峡谷和溶洞景观</td><td>天堂寨神仙谷、笔架山风景河谷、薄刀峰神侣沟、圣仁堂村峡谷、吴家山龙潭河谷、红安对天河谷、灵泉洞、双善洞、香花洞、狐仙洞、龚龙洞</td></tr>
<tr><td rowspan="3">水体景观</td><td>湖泊</td><td>天堂湖、武山湖、白莲河水库、龙感湖湿地保护区、龙潭湖、九女潭、响水潭、赤东湖、</td></tr>
<tr><td>地热</td><td>三里畈温泉、枫树温泉、汤河温泉、界河温泉、英山东西北三温泉</td></tr>
<tr><td>瀑布</td><td>百丈岩瀑布、云崖瀑布、天堂瀑布</td></tr>
<tr><td>生物类景观</td><td colspan="2"></td><td>泉水寨森林公园、五脑山国家森林公园、天台山国家森林公园、太平森林公园、三角山国家森林公园、横岗山森林公园、大别山国家森林公园、吴家山森林公园、桃花冲森林公园、毕升森林公园</td></tr>
<tr><td rowspan="5">历史人文类景观</td><td colspan="2">古墓</td><td>毕升墓、岳震、岳霆墓、李时珍陵园</td></tr>
<tr><td colspan="2">古遗址</td><td>蕲州古城、高山铺战役遗址、鸠鹚古国、焦墩遗址、汉代古城</td></tr>
<tr><td colspan="2">革命纪念地</td><td>大悟山、小悟山抗日根据地、鄂豫边区革命烈士陵园、宣化店革命旧址群、白果树湾革命旧址群、黄麻起义地区、七里坪镇</td></tr>
<tr><td colspan="2">寺庙</td><td>四祖寺、五祖寺、天然寺、观山禅寺</td></tr>
<tr><td colspan="2">故居</td><td>黎元洪故居、学者、诗人闻一多纪念馆、刘震将军故居</td></tr>
</table>

资料来源：杨智、喻长友：《湖北大别山（黄冈）省级地质公园》，《资源环境与工程》2007年第5期。

图 7-9　大别山湖北地区景观多样性组图

Fig 7-9　The map of landscap diversity about the Dabie Mountains in Hubei province

三　地质多样性资源开发条件

(一)建设施工条件

从上文对大别山的地质基础分析来看，第一，大别山地质古老，形成时代久远，所以自然环境比较稳定。第二，大别山的坡度多在25°～50°；并且山间谷地宽广开阔，发育有河漫滩和阶地平原，这些条件为地质多样性资源开发、基础设施建设、发展农业等提供了良好的地形基础。第三，该区域内水资源丰富，分别注入长江和淮河的主要河流有蕲河、浠水、口河、竹竿河等十条河流；另外还建设有一千多座各种类型的人工水库，以及大量的湖泊等等，为区域开发提供了丰富的水资源和能源。

(二)经济条件

从大别山湖北地区概况可以看出，该区域经济条件较好，特别是占绝大部分地域面积的黄冈市，在2007年全市实现GDP473.74亿元，人均GDP达到7095元。另外，孝感市的大悟、孝昌两个县，也大力实施“富民强县”战略，积极把资源优势转化为经济优势，经济持续快速增长，综合经济实力显著增强，已跨入湖北省山区经济强县的“第一方阵”。这些都为该区域地质多样性资源的开发提供了良好的经济条件。

(三)社会条件

大别山湖北地区是“革命老区”，为中华人民共和国的建立作出过重要贡献。另外，大别山地区山川秀美、地灵人杰，先后产生了许多英才豪杰。这些都是大别山区宝贵的精神财富，该区域民风民俗纯朴、社会治安良好，稳定而良好的社会环境为区域资源的开发提供了很好的外部条件。

(四)区位条件

大别山湖北区域范围内依傍一条黄金水道(长江)，紧邻两座较为重要的民用机场(九江机场与武汉天河国际机场)，贯通四条铁路(北京至香港九龙的京九铁路、合肥至九江的合九铁路、麻城至京广铁路联接线、上海至武汉至成都的沪汉蓉快速铁路)，四座长江大桥(鄂黄大桥、黄石大桥、九江大桥、鄂东大桥)，纵横五条高速公路(沪蓉高速、黄小高速、江北高等级公路、武英高速、大广高速)，具有“承东启西、纵贯南北、得天独厚、通江达海”的区位优势[1]。

第四节　大别山湖北段地质多样性资源评价

一　大别山地区湖北段地质多样性资源整体评价

(一)大别山湖北段地质多样性模糊评价因子标准化取值

根据上一节湖北大别山地质多样性资源的具体情况，结合第四章中模糊评价的方法，在具体评价之前，必须先建立湖北大别山地区地质多样性模糊评价因子标准化取值表，详情见表 7-4。

(二)大别山湖北地区地质多样性模糊评价过程

1. 根据隶属函数计算每个因子的隶属度，得到隶属矩阵 R

$$R=\begin{bmatrix}0 & 0.2 & 0.8\\ 0 & 1 & 0\\ 0 & 0 & 1\\ 0 & 0 & 1\\ 0 & 1 & 0\\ 0 & 0 & 1\\ 0 & 0.43 & 0.57\\ 0 & 0 & 1\\ 0 & 0 & 1\\ 0 & 0.2 & 0.8\\ 0 & 0 & 1\\ 0 & 0 & 1\\ 0 & 0 & 1\\ 0 & 0 & 1\\ 0 & 0.6 & 0.4\\ 0 & 1 & 0\\ 0 & 0 & 1\\ 0 & 1 & 0\end{bmatrix}$$

2. 建立评价因子权重 A

$$A=(a1, a2, a3, \cdots, a18)$$

〔1〕 杨智、喻长友：《湖北大别山(黄冈)省级地质公园》，《资源环境与工程》2007 年第 5 期。

表 7-4 大别山湖北地区地质多样性模糊评价因子标准化取值表

Table 7-4 Standard value of indexes for geodiversity's evaluation of Dabie mountains in Hubei province

评价因子	岩石种类	岩石年代类型	矿产的种类	地层的种类	地层年代类型	构造类型	构造规模	地貌高度	坡向与坡度
评价分级	三大类岩石都有，种类较丰富	包括7个地质年代	种类丰富，有73种	有15个地层种类	包括7个地质年代	共有9种	数量较多，规模适中	地形起伏大	坡度变化大于50°
标准化取值	0.1	0.4	0.05	0.1	0.2	0.05	0.2	0.1	0.1
评价因子	地貌类型	动物种类	保护动物种类	保护植物种类	植物种类	景观类型	国内生产总值	社会投资总额	公路网密度
评价分级	有五种地貌类型	种类丰富，有1000余种	有200多种	有400多种	有1461种	丰富多样	697.47亿元	367.6亿元	112.8 公里/平方公里
标准化取值	0.1	0.1	0.1	0.1	0.05	0.2	0.2	0.1	0.3

a1，a2，a3，…，a18 分别代表岩石种类、岩石年代类型、矿产的种类、地层的种类、地层年代类型、构造类型、构造规模、地貌高度、坡向与坡度、地貌类型、动物种类、保护动物种类、保护植物种类、植物种类、景观类型、国内生产总值、社会投资总额、公路网密度18 个评价指标的权重，各指标的权值应该满足下列关系：

$$a1+a2+\cdots+a18=1，ai\geqslant 0，i=1，2，3，\cdots，18$$

计算权重就是计算各评价因素对大别山湖北段地质多样性影响程度大小，各因子权重值的大小反映了各因子对地质多样性质量的影响程度，其赋值方法很多，主要有指数超标法、对比法、比例法、环比法、逻辑法、专家打分法、相似系数法等，本文采用对比法获得各因子的权重值，将各因子一一对比，重要者得 1 分，不重要者得 0 分，为了防止权重值出现为 0 的情况，用各加 1 分的方法进行修正，最后用修正得分除以总分得到因子的权重值(表 7-5)。

表 7-5　大别山湖北段地质多样性模糊评价因子权重分配表

Table 7-5　Standard value of indexes for geodiversity's evaluation of Dabie mountains in Hubei province

	a1	a2	a3	a4	a5	a6	a7	a8	a9	a10	a11	a12	a13	a14	a15	a16	a17	a18
a1	0	1	1	0	1	0	1	1	0	0	1	1	1	1	1	1	1	1
a2	0	0	1	0	0	0	1	0	1	0	1	1	1	0	0	1	1	1
a3	0	0	0	0	0	0	1	0	0	0	1	1	1	1	0	1	1	1
a4	1	1	1	0	0	0	1	1	0	0	1	1	1	1	1	1	1	1
a5	0	1	1	1	0	0	1	1	0	0	1	1	1	1	0	1	1	1
a6	1	1	1	1	1	0	1	1	1	0	1	1	1	1	1	1	1	1
a7	0	0	0	0	0	0	0	0	0	0	1	1	1	1	0	1	1	1
a8	0	1	1	0	0	0	1	0	0	0	1	1	1	1	0	1	1	1
a9	1	0	0	1	1	0	1	1	0	1	1	1	1	1	1	1	1	1
a10	1	1	1	1	1	1	1	1	0	0	1	1	1	1	0	1	1	1
a11	0	0	0	0	0	0	0	0	0	0	0	1	1	0	0	1	1	1
a12	0	0	0	0	0	0	0	0	0	0	0	0	0	0	0	1	1	1
a13	0	0	0	0	0	0	0	0	0	0	0	1	0	0	0	1	1	1
a14	0	1	0	0	0	0	0	0	0	0	1	1	1	0	0	1	1	1
a15	0	1	1	0	1	0	1	1	0	1	1	1	1	1	0	1	1	1
a16	0	0	0	0	0	0	0	0	0	0	0	0	0	0	0	0	1	1
a17	0	0	0	0	0	0	0	0	0	0	0	0	0	0	0	0	0	1
a18	0	0	0	0	0	0	0	0	0	0	0	0	0	0	0	0	0	0

得分情况如下：(a1，a2，a3，a4，a5，a6，a7，a8，a9，a10，a11，a12，a13，a14，a15，a16，a17，a18)

=(13，9，8，13，12，16，7，10，14，15，5，3，4，7，13，2，1，0)

修正得分为：(a1，a2，a3，a4，a5，a6，a7，a8，a9，a10，a11，a12，a13，a14，a15，a16，a17，a18)

=(14，10，9，14，13，17，8，11，15，16，6，4，5，8，14，3，2，1)

则因子权重 A=(0.082352941，0.058823529，0.052941176，0.082352941，0.076470588，0.1，0.047058824，0.064705882，0.088235294，0.094117647，0.035294118，0.023529412，0.029411765，0.047058824，0.082352941，0.017647059，0.011764706，0.005882353)

(三)大别山湖北段地质多样性模糊评价结果分析

按照合成算子 $M(\cdot,+)$，即矩阵乘法，计算得到综合评价向量

$$B=A\otimes R=(0,\ 0.263697,\ 0.736303)$$

如果给差、较好、良好分别规定值为，0.4，0.6，0.8 则大别山湖北段地质多样性总评分为：

$$\beta=[\sum_{j=1}^{3}(bj)^{k}(\beta j)]/\sum_{j=1}^{3}(bj)^{k}\text{，取 k=1 则}$$

$$\beta=[\sum_{j=1}^{3}(bj)^{1}(\beta j)]/\sum_{j=1}^{3}(bj)^{1}$$

$$=0\times0.4+0.263697\times0.6+0.736303\times0.8$$

$$=0.747261$$

这个总评分说明大别山湖北段地质多样性状况在各种因素的综合评判下，超过较好的水平，接近优的良好状况。该评价结果也基本反映了大别山湖北段地质多样性的现状，可作为该地区地质多样性资源的开发、规划、建设、管理的直接依据。

二 大别山湖北段各县市地质多样性资源聚类评价

(一)大别山湖北段各县市地质多样性聚类评价指标数据一览表

根据大别山湖北段各县市地质多样性资源的具体情况，结合第四章中系统聚类评价中的最短距离法，可建立大别山湖北段各县市

地质多样性聚类分析评价指标数据一览表，详情见表 7-6。

表 7-6　大别山湖北段各县市地质多样性聚类分析评价指标数据一览表

Table 7-6　Data schedule of geodiversity's appraise indexes about each district of Dabie mountains in Hubei province

评价因子	黄州	麻城	武穴	蕲春	黄梅	英山	罗田	浠水	红安	团风	大悟	孝昌	黄陂
矿产的种类	19	24	45	39	16	26	26	25	15	35	38	23	23
构造的类型	1	2	1	2	2	3	3	3	4	2	2	2	3
构造的规模（▲）	60	80	70	75	80	80	80	85	85	70	80	75	80
地貌的高度（米）	60	85	80	85	85	90	90	65	90	70	90	85	85
坡向与坡度（▲）	65	85	65	85	85	85	85	70	85	80	85	85	85
地貌的类型（种）	2	3	3	3	4	3	3	2	3	3	3	3	4
动物种类（种）	100	78	153	105	472	344	1760	120	95	378	97	310	75
保护动物种类（种）	12	74	24	82	164	51	140	28	78	110	59	40	15
保护植物种类（种）	23	210	45	67	4	80	420	36	86	380	70	9	160
植物种类（种）	220	299	614	519	353	1105	1380	125	360	1268	310	240	1060
景观的类型（▲）	70	80	80	85	85	90	90	75	85	80	75	70	85
国内生产总值（亿元）	40	64.3	65	74.8	54.1	21.2	28.3	49	31	21.2	50.9	24.8	148
社会投资总额（亿元）	28	40.9	22	18.5	23.1	5.76	26.2	17.9	12	12.3	29.5	11.6	68
公路网密度（km/km^2）	206	66.6	59.2	82.7	91.7	121	148	108	116	89.6	64.3	94.3	116

说明：

第一，与对大别山湖北段地区整体评价所采用的模糊评价指标相比，这个评价指标少了岩石的种类、岩石的年代、地层的种类、地层年代四个指标。主要原因是因为大别山湖北段各县市的这些具体资料不易收集，且其他的 14 个指标也基本能反映该地区的地质多样性的情况，故而将其去除。

第二，构造的规模、坡向与坡度、景观类型三个指标都标注有▲符号，是因为这三个指标没有定量化的数据，所以就用▲这个符号区别于其他定量的指标。这三个指标是根据一些相关专家的综合估值确定的分数。

(二)大别山湖北段各县市地质多样性聚类评价过程

对大别山湖北各县市地质多样性聚类评价，所采用的是最短距离法。为了提高聚类评价的准确性，又分别采用了明式距离和欧式距离两种方法。在每一种评价过程中，为了更好地说明各县市地质多样性资源的分类情况，又分别采取了聚成二类、聚成三类、聚成四类、聚成五类四种聚法，并通过计算机计算，形成表 7-7、7-8 所示数据。

表 7-7 大别山湖北段各县市地质多样性聚类分析评价结果之一

Table 7-7 Appraise result of geodiversity's clustered analyse indexes about each district of Dabie mountains in Hubei province

地区	聚成二类	聚成三类	聚成四类	聚成五类
黄州区	1	1	1	1
麻城市	1	1	1	1
武穴市	1	1	1	1
蕲春县	1	1	1	1
黄梅县	1	1	1	1
英山县	1	2	2	2
罗田县	2	3	3	3
浠水县	1	1	1	1
红安县	1	1	1	1
团风县	1	2	4	4
大悟县	1	1	1	1
孝昌县	1	1	1	1
黄陂区	1	2	2	5

说明：此聚类采用了“明式距离”的最短聚类法聚类。

(三)大别山湖北段各县市地质多样性聚类评价结果分析

从表 7-7，表 7-8 可以看出，无论是“欧式”距离下的聚类分析还是“明式”距离下的聚类分析，对于这 13 个地点的聚类结果几乎相同。当聚成二类时，罗田单独为一类，其他地区为一类；当聚成三类时，罗田为一类，英山、黄陂与团风为一类，剩余地方为一类；当聚成四类时，罗田为一类，团风为一类，黄陂与英山为一类，其余地方为一类；当聚成五类时，罗田为一类，团风为一类，黄陂为一类，英山为一类，其余地方为一类。根据以上分析，可画出以下聚类谱系图，见图 7-10、图 7-11、图 7-12。

表 7-8　大别山湖北段各县市地质多样性聚类分析评价结果之二

Table 7-8　Appraise result of geodiversity's clustered analyse indexes about each district of Dabie mountains in Hubei province

地区	聚成二类	聚成三类	聚成四类	聚成五类
黄州区	1	1	1	1
麻城市	1	1	1	1
武穴市	1	1	1	1
蕲春县	1	1	1	1
黄梅县	1	1	1	1
英山县	1	2	2	2
罗田县	2	3	3	3
浠水县	1	1	1	1
红安县	1	1	1	1
团风县	1	2	4	4
大悟县	1	1	1	1
孝昌县	1	1	1	1
黄陂区	1	2	2	5

说明：此聚类采用了“欧式距离”的最短聚类法聚类。

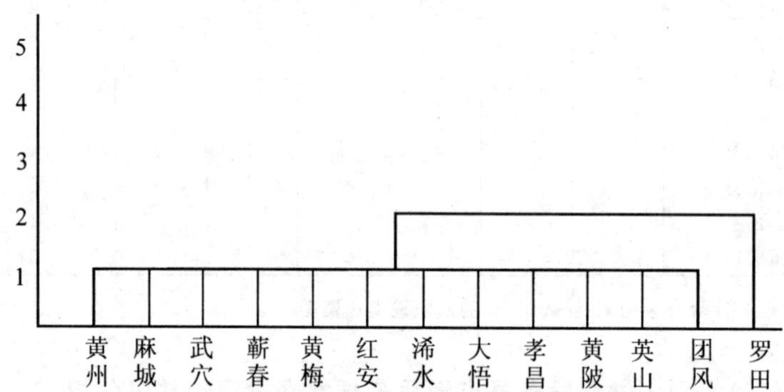

图 7-10　大别山湖北段各县市地质多样性聚类分析谱系图一(聚成二类)

Fig 7-10　Ancestry map of geodiversity's clustered analyse about each district of Dabie mountains in Hubei province (Gather the ready-made two kinds)

还有聚成五类的，就是在聚成四类的基础上，把英山和团风又分成两个类别，总共形成五个类别，所以谱系图就不再画了。

从上面这几个谱系图中可以总结出大别山湖北段各县市地质多样性分类有以下特点：

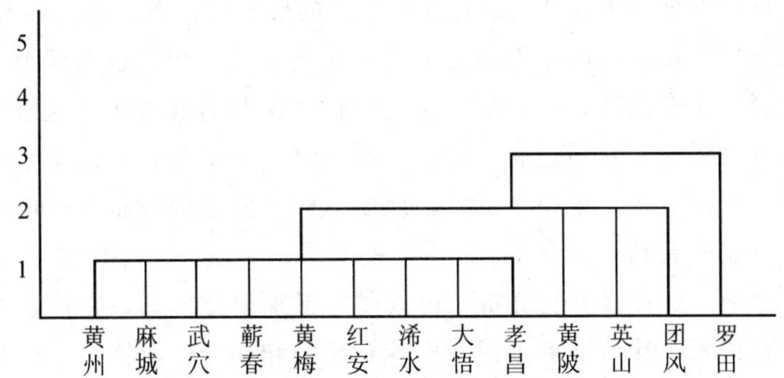

图 7-11 大别山湖北段各县市地质多样性聚类分析谱系图二(聚成三类)

Fig 7-11 Ancestry map of geodiversity's clustered analyse about each district of Dabie mountains in Hubei province (Gather the ready-made three kinds)

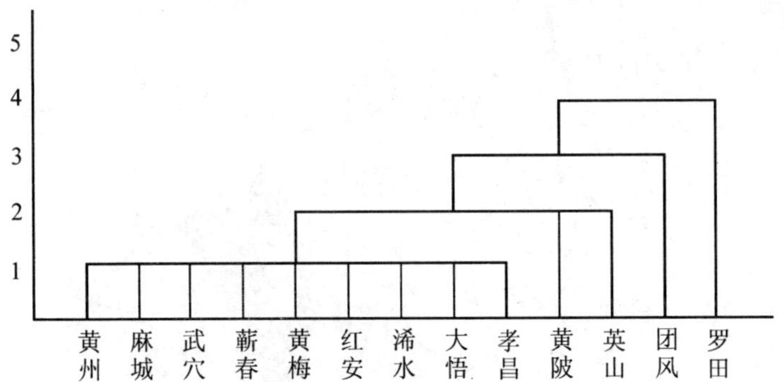

图 7-12 大别山湖北段各县市地质多样性聚类分析谱系图三(聚成四类)

Fig 7-12 Ancestry map of geodiversity's clustered analyse about each district of Dabie mountains in Hubei province (Gather the ready-made four kinds)

第一，无论怎样以主观分析进行划分，黄州、麻城、武穴、蕲春、黄梅、红安、浠水、大悟、孝昌九个县市都归为一类，这说明它们的地质多样性资源丰度是一样的。

第二，另外五个区域，罗田是最好的一类；团风、英山、黄陂为一类，这是聚成三类的；聚成四类的，就是在三类的基础上，把团风单独归为一类，英山、黄陂为一类；聚成五类的，就是在四类的基础上，把英山和黄陂又分成两类。

从上面分析可以看出，大别山湖北段罗田、团风、英山、黄陂四个区域的地质多样性资源比其他地区的要丰富，而且即使再细分，也还是体现出在这四个地区之间有一定的差距，而其余地区地质多样性资源丰度仍然是一样的。这个评价结果与目前这四个地区的旅游业的发展的实际情况相一致。从空间结构上来看，这四个地区基本上位于同一纬度地带，可见，地质多样性资源的分布与纬度地带性有一定的关联。

总之，经过以上的分析，可以说用系统聚类的最短距离法对该区进行评价，其结果可以说与实际状况很相切合。根据这个评价结果，绘出了大别山湖北段地质多样性资源分区图(按聚成三类的结果来绘制)，见图 7-13。

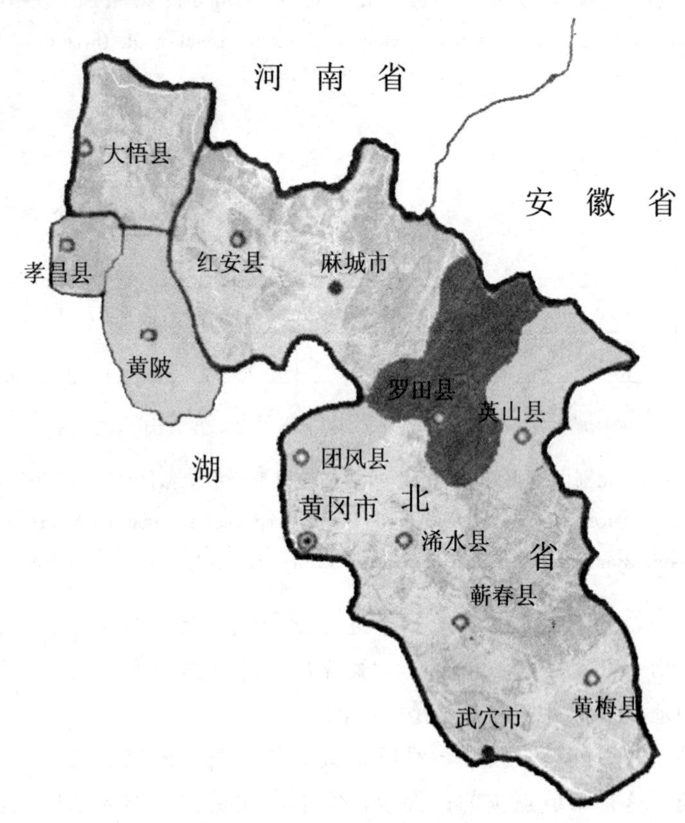

图 7-13 大别山湖北段地质多样性资源分区图

Fig 7-13 Geodiversity's resource subarea map of Dabie mountains in Hubei province

第八章

大别山湖北地区地质多样性资源开发现状

随着大别山湖北段地区社会经济的发展，该地区因资源的过度开发以及保护不力，导致地质遗迹毁坏、矿产资源下降、山地森林面积锐减、水土流失加剧，生态环境日趋恶化、生物资源受到严重威胁，地质多样性保护难度更加艰巨。

第一节　旅游资源开发现状

一　较为无序的开发方式

大别山湖北地区景观多样性体现出该地区旅游资源丰富，特别是地质剖面构造景观、地质地貌景观、生物景观以及人文历史景观等资源特色鲜明。但在旅游资源开发方面，目前基本上是在各自的行政辖区内形成各自为政、画地为牢、各顾各的资源开发方式，因而弊端丛生。

首先，这种开发方式造成资源的重复开发与破坏，降低了利用率。有些资源开发不仅在省际之间存在竞争，如邻近的安徽六安建有国家地质公园，而湖北黄冈也建有国家地质公园；而且在不同的县际之间，甚至同一个县不同的乡镇之间都存在同类产品的竞争，例如森林公园、漂流项目等资源的开发。

其次，这种开发方式还不利于资源的管理。例如，大别山主峰天堂寨，位于两省三县接壤地区，从湖北英山县、罗田县及安徽金寨县三个地方都可以上到主峰。近几年来，只要其中的一个县在主峰上修建设施及项目，马上就被其他县的拆掉；虽然主峰自然禀赋好，但是却垃圾遍地、环境卫生状况极差，无人管理；而且三个县都准备修建上主峰的索道，目前安徽金寨县已经修建完成。

最后，这种开发方式还引起恶劣的无序竞争。由于旅游业的发展，本身竞争就很激烈，再加上在本地区较小的空间范围内，存在众多的同类旅游产品，其空间竞争就更加激烈。激烈的竞争就需要增加市场营销力度，这样就增加旅游产品的成本，降低其收益，从而影响当地的旅游经济的发展。

二　旅游产品单一，缺乏文化内涵

除了各自为政的开发方式以外，该地区所开发出的旅游产品比较单一。地质、地貌旅游产品以简单的生态观光游览为主，没有把地质、地貌的地质历史、形成过程和其独特性进行科学的说明和演示，没有突出地质教育和科研的功能。另外，在该地区虽然目前有少量的漂流、探险、温泉沐浴等旅游项目，但数量比较少，而且都是些“跟进型”的旅游产品，开发形式上没有创新，缺乏文化内涵。

三　开发与保护的关系缺乏协调

该地区在旅游开发过程中，由于缺乏科学的规划和严格的管理，一些行政机构急功近利，大兴土木，乱搭乱建，没有协调好开发与保护的关系，破坏了自然景观和生态环境。还有大量游客的到来，对资源与环境也产生一定的影响，使该地区的地质多样性和生物多样性受到一定程度的破坏。

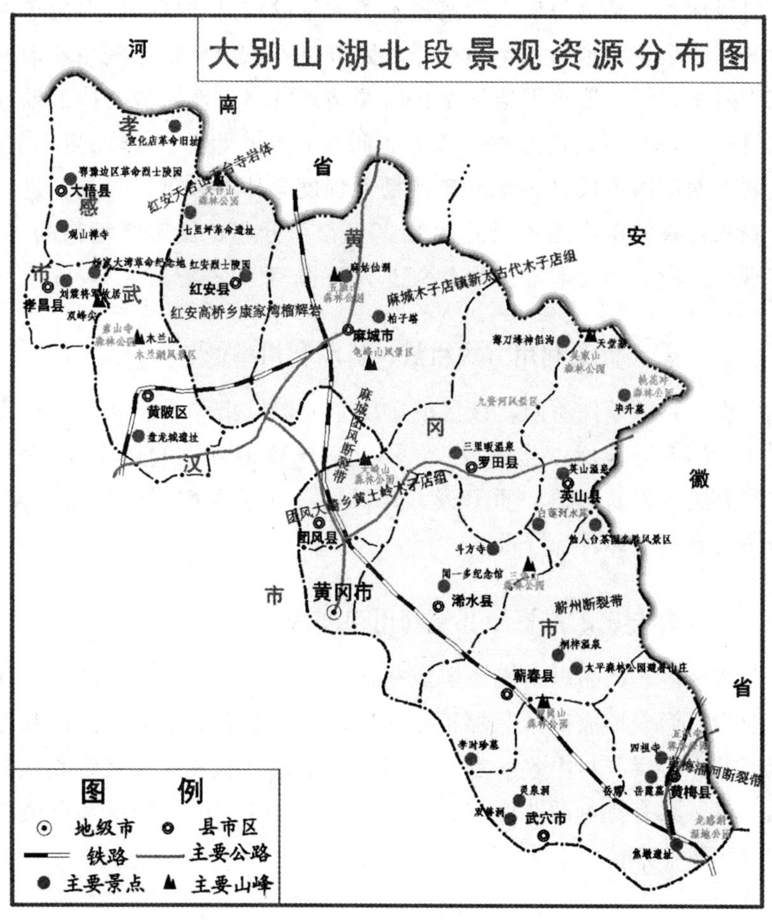

图 8-1　大别山湖北段景观资源分布图

Fig 8-1　Tourism resourcesdistribution map of the Dabie Mountains in Hubei province

第二节　矿产资源开发现状

一　矿产资源勘察投入减少，资金短缺问题比较突出

大别山湖北地区矿产资源较大规模的调查工作始于 1950 年代末期，各地质勘探机构在该区境内进行了大量的地质调查、矿产勘察

和科研活动，虽然为矿产勘察提供了大量的信息和依据，但由于之后的二十余年所进行的地质工作，因资料不系统而很难利用，因此工作效率较低。近年因地质工作的调整，由中央地勘费支持的勘察项目减少，而商业性勘察投资者也很少，矿产勘察工作停滞不前。这两方面原因造成该区地质矿产勘察程度总体上较低。目前，进行详查和普查的矿产地不足总数的 20%；部分非金属矿产亟待勘察；特别是花岗岩、大理岩、铁矿等已开发的矿种，资源情况不明[1]。

二　矿产资源利用方式粗放，资源利用率低

由于资源条件所限，该区的矿山企业，以集体企业和个体矿山为主，国有企业所占比例很少，因此矿产资源开发利用方式粗放。采富弃贫，采易弃难，重开发，轻保护，乱采滥挖现象较为普遍，资源浪费和破坏较为严重。

三　非金属矿产资源开发利用程度低

本区内矿产品以出卖原矿或初加工产品为主，矿产品的延伸加工业少，尚未形成矿产品加工业体系，高技术含量、高附加值和终端产品少，资源利用效益差[2]。所以矿业总产值和矿业销售收入较低。本区具有特色的花岗石、大理石、硅石等矿产的产量和产值只占全部矿业产值的 2%。

四　矿产资源开发的管理及监督环节薄弱

本区矿业体制改革和对外开放滞后，矿业投资、经营环境较差，对外部资金缺乏吸引力。矿业权市场尚未形成，矿业投资不活跃，矿业权流转不规范，中介评估机构不健全，尚不能为矿业经济发展创造良好环境。矿业开发利用的监管力度薄弱，基层管理重收费，轻监督较为普遍[3]。

---

〔1〕 参见 http：//www. mcgt. cn/html/kuangchanguanli/2009/0117/1760. html。
〔2〕 同上。
〔3〕 同上。

五 矿山生态环境的保护与恢复治理程度低

本区矿山生态环境的监测不完善、不系统；矿山生态环境的治理与恢复和土地复垦工作在组织上、计划上、资金上都未能完全落实。例如砖瓦黏土矿产在本区的矿山多、规模小、布局分散，不仅对生态环境造成严重破坏，还极易引发水土流失等地质灾害现象。还例如，本区河砂资源丰富，采掘点较多且其采掘一般都在河中或水库中，破坏了自然河道，引起河道淤积，对防洪和水体生态环境造成严重影响。

图 8-2 大别山湖北地区矿产资源开发现状图

Fig 8-2 The map of mineral resources status of development about Dabie Mountains in Hubei province

第三节 土地资源开发现状

大别山湖北地区土地利用方式主要以林业用地为主，农业用地次之，而城镇、居住和工业用地和水体所占面积最少。山地主要是林业用地，山间宽谷、河流的冲积平原等地带以农业用地为主，并且工业及居住用地也大都分布在此地带。

从土地资源保护状况来看，行政管理部门对该区的土地资源保护不力，造成水土流失现象严重。主要存在以下几方面的原因：

第一，大别山地区在历史上森林植被极为丰富，中华人民共和国建立六十年来，由于生产生活对木材的大量需求，大力砍伐木材，忽视了资源的再造，森林面积大减，致使生态环境恶化。

第二，由于长期以来，当地只注重粮食生产，忽视林牧业的发展，采用毁林开荒等许多不合理的耕作措施，加剧了该地区的水土流失。

第三，该地区以花岗岩、沙砾岩为主的地质成分造成了岩石容易风化，沙壤土透水性强，容易形成地表径流而引起水土流失〔1〕。

第四，由于大别山湖北地区处于亚热带和暖温带之间的过渡地带，属于生态交错带(Eootone)，具有脆弱性、敏感性和稳定性较差等特征，反馈调节机制弱〔2〕；再加上行政管理机构忽视对其的恢复和管理，因此该区水土流失现象很严重。

第四节　生物资源开发现状

生物多样性是人类生存和发展的基础，引起生物多样性的降低和衰退，主要是人类不当的活动所造成的。但更深层次的原因归结为人类不可持续的生产方式和开发模式。

一　人类不当的活动造成资源过度开发，生态环境破坏

人口的增加，经济的发展，增加了对资源及环境的需求。例如村镇、乡镇企业、道路等基础设施的建设。这些建设项目，有些直

〔1〕 余国营：《豫南大别山区水土流失现状和防治对策》，《水土保持通报》1990 年第 5 期。

〔2〕 黄润等：《皖西大别山北坡水土流失与生态修复》，《水土保持通报》2004 年第 6 期。

图 8-3　大别山湖北地区水土流失现状图

Fig 8-3　The map of soil and water lossing about Dabie Mountains in Hubei province

接毁坏了有保存价值的地质结构和构造，有些将许多天然生态系统分割成许多小的区域，造成生境破碎化。当地群众挖沙、采石等行为也导致山体裸露、植被破坏、森林面积急剧减少、水土流失等生态环境问题日益突出。生境的碎化和破坏，降低了生态系统的完整性，使有些生物物种濒临灭绝。还有些群众甚至直接盗采药材、珍稀花卉、根雕材料等植物资源和大力砍伐林木、捕杀野生动物等等，直接破坏生物资源。无论是直接破坏还是间接破坏，如今大别山湖北地区的生物物种的种类、数量都在迅速减少。如目前大别山五针松仅在英山桃花冲分布有 2 株。豹、麝等兽类已难寻踪迹，连普通而常见的蛇类，也较为少见了〔1〕。可见，人类的不合理活动和对资源的过度开发，使该地区的生态环境恶化，生物资源也受到极大的威胁。

〔1〕 方元平、蔡三元等：《鄂东大别山区生物多样性及其保护对策》，《安徽农业科学》2007 年第 1 期。

二　不可持续的生产方式，使生物多样性受到威胁

目前对生物多样性破坏最典型、也最直接的方式是落后的农林生产方式和旅游开发两种方式。

(一)单一的农林生产，生物多样性降低

人们片面追求农林产量，种植种类单一化，导致生物多样性降低。过去成片的整体林区被分割成各种不同经营目的林地，成了种植品种单一的地段，造成生物物种的高度单一化。如成片的茶园、桑园、杉木纯林、马尾松纯林、毛竹纯林等，这些都改变了大别山原来的自然植被的分布，使森林从原生性质向次生性质变型发展[1]，从而导致生物多样性降低。

(二)大力发展旅游业，生物多样性受到威胁

大别山优美的自然环境、丰厚的历史人文、独特的区位条件、优越的山地森林小气候吸引了大量中外游客。区内现设立有罗田"大别山国家森林公园"、英山"吴家山国家森林公园"和"桃花冲省级森林公园"，建立了多处旅游景区，旅游业很发达。但在旅游业发展过程中，超标准建设宾馆、饭店等旅游基础设施，破坏了自然景观和生态环境。大量游客的到来也使景区的生活垃圾对水体产生污染；许多不文明的行为也毁坏了植被、污染了环境；有些旅游活动如狩猎、垂钓、漂流等也惊扰了野生动物的正常活动。因此，过度的旅游开发使该区生物多样性受到严重威胁。

〔1〕 方元平、蔡三元等：《鄂东大别山区生物多样性及其保护对策》，《安徽农业科学》2007年第1期。

第九章

大别山湖北地区地质多样性资源保护

第一节 加强区域旅游合作，建设“世界地质公园”

旅游流是旅游者从居住地到旅游目的地的一种空间流动的形式。旅游者不是按照行政区划单位来选择旅游目的地，而是按照旅游资源条件来决定的。因此，旅游景点、旅游线路的空间结构不是行政地域单元的结合，而是跨行政区域的地区组合。这种旅游流的空间结构规律要求我们在旅游开发时，打破各自为政的局面，加强各相邻地区的区域旅游合作，建设“无障碍旅游区”，以保证该区域旅游业健康快速的发展。“环渤海地区”及“长三角地区”是中国经济最发达的区域，同时也是中国较早尝试旅游合作的区域。以至于后来的“珠三角”、“泛珠三角”、西南四省区、晋（城）焦（作）洛（阳）三角、西藏青海甘肃等地区都进行了区域旅游合作。这些不同区域的旅游合作，对区域旅游经济发展都起到了明显的促进作用[1]。

大别山分隔了华北地块和扬子地块，其地质遗迹具有完整性、典型性、稀有性，是研究地球早期演化的天然博物馆和研究造山带地质学的天然实验室[2]。典型地质现象和重要地质遗迹是不可再生的自然资源，因此，在开发和利用过程中，要注意对资源的保护。目前保护地质遗迹最好的办法是建立地质公园(Geopark)，它以具有特殊科学意义、重要美学观赏价值的地质遗迹为主体，并融合其他自然景观和人文景观，以保护地质遗迹、开展科学旅游、普及地球科学知识、促进地方经济、文化和环境的可持续发展为宗旨而建立的一种自然公园[3]。地质公园不仅能有效地保护地质遗迹资源，同时还能提高旅游业的科学内涵、改善旅游业的形象、促进旅游业的发展。

综上所述，保护大别山地质遗迹的最好办法是加强区域旅游合作，建设“大别山世界地质公园”。对目前大别山区已有的三个国家地质公园进行整合，积极申报和创建“世界地质公园”。

一 重视“世界地质公园”的申报和建设工作

在国家旅游局等有关部门的大力支持和帮助下，设立一个协调管理机构，专门从事“大别山世界地质公园”的研究、申报、建设和管理工作，为区域合作提供决策和咨询服务、整顿和规范市场秩序等。同时还要设立地质公园保护、建设专项经费。积极制定一些引导性政策，建立健全投资机制，引入市场机制，拓宽开发资金的融资渠道，吸引社会资金参与投资、积极争取国际有关基金援助、争取中央财政部给予专项拨款等办法，以改善由于资金不足而造成开发、管理的不到位。

〔1〕 熊继红、张新：《论中部五省区域旅游合作现实基础和基本途径》，《商场现代化》2007 年总 500 期。

〔2〕 http：//baike. baidu. com/view/38417. htm。

〔3〕 李双应、岳书仓：《安徽省国家地质公园建设策略浅析》，《合肥工业大学学报》(社会科学版)2002 年第 2 期。

二　全面调查旅游资源，制定地质公园总体规划

打破行政区划界线，在对该区地质遗迹资源、其他自然、人文旅游资源进行全面调查、分析和综合评价，制定“大别山世界地质公园”总体规划，以免出现旅游资源重复开发，项目雷同等现象；注重开发各项专题旅游产品，设计出互补的旅游规划方案，突出资源共享、优势互补、互动互进的关系，这样既有特色项目又不会产生近距离的替代产品[1]。通过挖掘大别山地质景观的旅游内涵，树立地质地貌旅游新形象。根据大别山湖北段景观资源，可以开发地质学专业旅游、观光旅游、生态旅游、科学考察旅游、体育健身旅游、疗养和度假旅游等众多旅游产品。

三　协调好旅游资源开发与保护的关系

“明智的开发就是保护”的自然资源开发口号很适用于地质遗迹的开发。对地质公园的建设开发应该走“绿色道路”，即在不破坏环境或者把对环境的损失降低到最低水平[2]。

第一，在地质公园范围内，禁止建设破坏景观、污染环境、妨碍游览的工程设施及附属设施。一些必建的基础设施，其规模、布局、数量也必须经过严格的规划和限制，同时要保持当地的特色，这样兼顾了当地的资源质量和环境以及满足旅游开发的多种需求。

第二，还要对已经开发的区域进行环境影响评估。评估内容包括旅游开发对土壤、大气、水体、动植物资源、固体废弃物等方面的影响。

第三，对公园内的地质构造、地质遗迹等景观资源必须进行科学、严格的保护。图 9-1 的图片是美国黄石公园内关于化石树的特殊保护现场。

---

〔1〕 熊继红、张新：《论中部五省区域旅游合作现实基础和基本途径》，《商场现代化》2007 年总 500 期。

〔2〕 戴星翼：《走向绿色的发展》，复旦大学出版社 1998 年版，第 307 页；钱易、唐孝炎：《环境保护与可持续发展》，高等教育出版社 2000 年版，第 368 页。

图 9-1　地质多样性资源保护图之一

Fig 9-1　One map of geodiversity' resources protection

（此图片来自于 Murray Gray 的 *Geodiversity*：*Valuing and Conserving Abiotic Nature* 一书）

四　完善地质公园的功能

第一，要建立专门的科学研究基地，对公园内的各种地质构造、地质遗迹、物种、古生物等进行专门的研究，从而加强地质公园的科研力量。

第二，提高科技含量，全面展示地质景观。大多数旅游者的地质地貌知识较少，单纯的景点观光会让游客觉得单一，所以全方位展现地质地貌景观是解决这一问题的最好途径。例如，可以设置一些模拟演示系统、导游显示屏、以遥感影像为主的三维视图等等，以展示地质地貌景观、地质遗迹的形成和发展过程，再现地质历史时期的生态环境条件等〔1〕。还可以通过编写科学翔实的景点解说词、制定详细的说明牌、编印导游资料、培训导游人员以及改进博物馆的陈设等形式，对地质遗迹进行科学的说明。见图 9-2，该图是位于美国怀俄明州的比格豁恩山脉高速公路旁的地质构造的科学说

〔1〕 王国新、唐代剑主编：《旅游资源开发及管理》，东北财经大学出版社 2007 年版，第 72 页。

明牌。这些不仅让游客全方位了解地质地貌、地质遗迹的形成、发展过程，也让游客体会到地质遗迹的珍贵性、保护生态环境的重要性等，从而对其进行更好的保护。

第三，合理安排旅游线路，让游客在较短的时间内尽可能多的观赏、体验地质遗迹景观和人文景观资源，提高游览质量。

第四，建立教育与教学实习基地，这样既可以实现保护区资源的永续利用、体现地质公园建设对可持续发展理论的实践，还为高等学校人才培养不可缺少的实践教学环节提供了场所，充分实现了地质公园的社会效益〔1〕。

图 9-2　地质多样性资源保护图之二

Fig 9-2　One map of geodiversity' resources protection

（此图片来自于 Murray Gray 的 *Geodiversity*：*Valuing and Conserving Abiotic Nature*）

五　建立地质公园管理信息系统

为了适应国家地质公园现代化管理的需求，应逐步建立以地理信息系统、遥感、全球定位系统等技术为支撑的管理信息系统。充分利用现代管理手段，把保护区内的地质、地理、生物等信息及时

〔1〕 熊继红：《关于国家地质公园可持续发展对策研究》，《国土与自然资源研究》2009 年第 1 期。

输入系统，并对区内各种保护对象进行监测保护，特别是对地质遗迹资源进行监控，防止人为或自然因素造成的破坏和环境恶化；对考察、科研、旅游等各种人员流动情况及行为等及时统计、分析；加强对不同功能区域特别是核心区域的旅游环境容量进行研究；对管理、开发新动向、新成果与新发现等及时进行宣传。

第二节　科学规划，有效保护矿产资源

在经济“全球化”时代，发达国家和跨国公司通过投资勘察、开发，不断加强对世界矿产资源的控制，以实现全球矿产资源的再分配，中国国民经济和社会发展正矿产资源的需求总量正持续增长，资源供给面临较大压力。面对国际影响和国内需求的双重压力，做好矿产资源的开发利用，保证矿产资源的可持续供应至关重要。

一　继续加强对本区矿产资源的调查评价与勘察工作，提高矿产资源的可供性

随着大别山湖北地区地表露头矿、浅部矿的减少，地质勘察的任务将更多的是寻找隐伏矿、深部矿等。因此，应结合本区的地质构造实际情况，采用物探、化探、遥感和信息处理等多种勘察技术与方法，继续加强本区的矿产普查工作，确定各种矿产资源的储量，为区域矿产的开发提供基础资料。在勘察方式上，实行公益性地质调查评价与商业性矿产资源勘察相结合的工作方式。由政府组织开展公益性地质调查评价工作；同时根据市场需求，积极引导和鼓励多渠道投资开展商业性矿产资源勘察活动。

二　调整优化资源利用结构和布局，提高资源利用效率

大别山湖北地区各县市都已经编制了各自的矿产规划，目前，正在进行第二轮的矿产资源总体规划的编制工作。在进行第二轮的矿产资源规划时，要根据区域矿产资源禀赋条件和地区经济发展的需要；以市场为导向，以资源为基础，以矿产后续加工产业为依托；按照因地制宜、发挥优势、突出重点、规模开发、宏观调控、和谐

发展的思路；妥善处理好中央与地方、地方与地方、当前与长远的各种关系；整合矿产资源和优化矿山布局；促进矿产资源开发利用的合理布局和区域经济的协调发展。重点要做好矿产地的资源分区、分级、优势矿产资源的开发、发展特色矿业等工作。

三　合理开发矿产资源，走资源节约型的经济发展之路

必须坚持“在保护中开发，在开发中保护”的总方针，坚持开发与治理并举的原则，按照地质环境双向良性循环，实现社会效益、经济效益及生态环境效益的统一及经济建设可持续发展的战略目标。在具体开发过程中，要注意以下几方面的内容：

第一，要注意开采规模必须与矿产储量规模相适应，因地制宜地确定并控制最低开采规模，严禁“大矿小开”、“一矿多开”、“乱采滥挖”。对当前尚不能经济地开发利用的大中型、低品位贫矿或难选冶矿床，采取有效措施予以保护，不得进行破坏性开采。

第二，要注意根据本区社会经济发展的需要，稳定和新建一批矿山企业；对新建矿产资源开采项目，严格审查其开发利用方案，保证矿产资源规模开采、集约利用。

第三，对开采规模与矿区储量规模显著不协调的、“三率指标”达不到设计要求的、矿产资源利用率低的、环境破坏严重的、存有重大安全隐患的等等矿山企业，限期按照建立现代企业制度的要求，统一规划、联合整改，走规模化、集约化生产之路。

第四，还要注意坚持矿产资源开发与“节流”并举，加强并超前进行矿产资源调查评价和勘察，使耗减的矿产储量适时得到补充和增加；依靠科技进步和科学管理，提高采选综合回收率；合理开采、综合利用，提高伴共生矿产的综合利用率；鼓励矿山企业开展对“三废”综合利用的科技攻关；推进节能、节材、节水、降耗技术和工艺，降低资源消耗水平；加强资源循环利用，节约使用资源；发展矿产品深加工技术、新能源、新材料技术；积极发展稀缺资源的廉价替代品；鼓励对废旧金属及其他二次资源的回收利用等等，实现矿产资源可持续利用〔1〕。

---

〔1〕 http：//mcgt. cn/bbs/dispbbs. asp? boardID＝10&ID＝71&page＝1。

四 改善矿山生态环境状况，促进矿产资源开采与生态建设和环境保护协调发展

在保护生态环境良性循环的基础上，最大限度地开发利用资源，使经济效益与环境效益相统一。坚持矿产资源开发利用与生态环境保护并重、预防为主、防治结合的方针，坚持“谁开发谁保护，谁污染谁治理，谁破坏谁恢复”的原则，综合运用法律、经济和行政手段，改善矿山生态环境[1]。

第一，禁止在自然保护区、风景区和地质遗迹保护区内，或限制在地质灾害易发区、地质灾害危险区开采矿产资源；对已经有开采权的矿产企业，严格执行环境影响评价制度、土地复垦制度和排污收费制度，鼓励在有条件的地区建立“矿山环境保护与土地复垦履约保证金制度”，改善矿山生态环境状况，逐步建立环保型矿业。

第二，积极引导和鼓励矿山企业在矿山环境保护和污染防治方面加大研究与开发、技术改造的投入，采用先进适用的工艺、技术和设备，改进管理措施。

第三，按照分类指导、区别对待的原则，建立多元化、多渠道的矿山环境保护投资机制，积极推进矿山环境综合治理。对矿山损毁土地进行复垦；对矿山“三废”进行综合治理与利用；对采矿活动造成的滑坡、泥石流、塌陷等次生地质灾害及水源枯竭、水质恶化、水土流失等环境问题；加强预防、监测，及时组织治理[2]。

五 坚持宏观调控与市场机制相结合，加强矿产资源的管理和监督

加强宏观调控，促进矿产资源利用方式和管理方式的转变，清理和制定有关的矿业政策，改善矿业投资环境。维护国家矿产资源所有者权益，正确处理局部与整体、当前与长远利益的关系。大力培育和规范以“矿业权”市场和矿业资本市场为核心的矿产资源要素市场，发展和规范中介市场。在法律规范、政策引导和规划调控下，充分发挥市场配置资源的基础作用，优化资源配置。以市场为导向，

[1] http://mcgt.cn/bbs/dispbbs.asp?boardID=10&ID=71&page=1。
[2] 同上。

根据市场的需求，结合实际，调控开发利用总量，提高资源利用水平、矿业整体素质和竞争能力。研究制定有关优惠政策，鼓励企业建立资源耗竭补偿机制，对后续资源进行勘察。系统收集、整理分散在各部门、各地方的地质资料，组织地质资料的二次开发，建立本区矿产资源信息系统，实行统一管理[1]。

第三节 治理水土流失，减少地质灾害

一 治理水土流失

位于大别山南麓的大别山湖北地区，其水土流失不仅使该区肥力流失、地力减退；还使得该区河流、水库河道淤积、河床抬高，影响防洪；另外水土流失严重还造成该区崩塌、塌陷、滑坡、泥石流等地貌灾害现象经常发生，严重影响当地人民生命财产的安全。另外还影响到长江“黄金水道”和防洪。因此该区的水土保持具有十分重要的意义。

该区雨量充沛、气候温和，植被类型繁多，大部分地区植物可全年生长，十分有利于植物的繁衍和生态的自我修复[2]。再加上该区经济落后、财力有限，因此，实施“生态修复”是该区治理水土流失的最有效途径。

第一，实施生态移民，在一定范围内进行封育保护，加上人工种植，同时与工程措施相结合实行林相改造，迅速恢复植被。

第二，全面规划，积极稳妥地开展退耕还林、还草工作，恢复和发展乔、灌、草相结合的森林植被。

第三，采取科学的圈养舍饲，合理解决好农村燃料、饲料和木材等问题。目前大别山湖北地区农村主要以烧柴作为生活燃料，能源利用率低。因此在不能提供更清洁、廉价、便利的新能源之时，

---

〔1〕 http：//mcgt. cn/bbs/dispbbs. asp? boardID=10&ID=71&page=1。

〔2〕 黄润等：《皖西大别山北坡水土流失与生态修复》，《水土保持通报》2004 年第 6 期。

发动农村居民种植薪炭林、高秆作物等，同时还要充分利用沼气和太阳能等能源，以缓解农村能源不足，同时积极发展山区小水电，既解决照明问题，也为生产、生活增加了能源。

第四，调整产业结构。大别山湖北地区山高坡陡，但水热资源丰富，生物物种繁多，因而要在林木、果木和牧副业上找出路。搞好农田基本建设，积极推广生态农业技术，加强能源和物质的多层次利用，提高复种指数和单位面积产量，使粮食生产保持相对的稳定；同时处理好种植业、养殖业和工商副业的关系，积极发展生产，维持生态平衡。

第五，在有条件的地区，积极开发生态旅游、地质旅游项目，以治理促开发，以开发促保护，实现综合效益〔1〕。

第六，积极开展水土保持宣传和教育，动员全社会的力量共同关注和行动，营造适应生态修复的外部环境和条件。

二 防范地质灾害

在大别山湖北地区由于森林植被大量破坏，水土流失严重，多次引发了一些规模不等的地质灾害，如，崩塌、滑坡、泥石流等等。因此，加强本区的地质灾害防治的技术工作尤为重要。

(一)崩塌治理

第一，对于规模小、危险性高的危岩体采取爆破或手工方法清除，消除危岩隐患；对于规模较大的崩塌危岩体，可清除上部危岩体，减轻负荷，降低临空高度，减小坡度，提高斜坡稳定性，从而降低崩塌发生的危险程度。

第二，在崩塌体及其外围修建地表排水系统，填堵裂隙空洞，以排走地表水，减少崩塌发生的机会。

第三，加固斜坡、改善崩塌斜坡的岩土体结构，增加岩土体结构完整性；采取支撑墩、墙等支撑措施防治塌落；采取锚索或锚杆加固危岩体；采取喷浆护壁、嵌补支撑等加强软基的加固方法。

---

〔1〕 蒲勇平：《长江流域生态修复工程的意义及对策》，《水土保持通报》2002 年第 5 期；聂瑞林：《晋中太行山区生态修复模式及其相关指标研究》，《中国水土保持》2007 年 10 期。

第四，对于在预测出可能发生的崩塌落石地带，在石块滚动的路径上修建落石平台、落石槽、挡石墙等，以拦截落石；通过修建明硐、棚硐等设施来对工程进行保护。

（二）滑坡治理

第一，修建排水沟，及时排出滑坡发育范围内的地表水，减少进入滑坡体的水量，消除或减轻地表水对滑坡的诱发作用；修建截水盲沟，开挖渗井或截水盲洞，敷设排水管，实施排水钻孔，拦截排导地下水，消除或减轻地下水对滑坡的诱发作用。

第二，改善滑坡状况，增加滑坡平衡条件，在滑坡上部消坡减重，坡脚加填，降低滑坡重心；修建抗滑桩、抗滑墙、抗滑洞，阻止滑坡移动；实施锚固工程加固滑坡，采取焙烧法、电渗排水法、灌浆法等措施改善滑坡体岩土体性质，提高软岩层强度。

（三）泥石流治理

第一，实施生物工程保护水土，如实行合理耕牧、严禁乱砍滥伐、保护森林植被等方法，提高植被覆盖率，从而消弱泥石流活动条件；

第二，实施工程措施，如修建拦挡、排导、停淤、沟道整治等工程，限制泥石流活动，削弱泥石流破坏力；

第三，对于泥石流地区的铁路、公路、桥梁、隧道、房屋等建筑进行保护或规避，抵御或避开泥石流灾害[1]。

第四节　建立自然保护区，恢复生物多样性

首先，建立以主峰“天堂寨”为核心的大别山自然保护区。目前在大别山湖北地区虽然建有许多国有林场，对动植物、森林资源有一定的保护作用，但面积太小。根据麦克阿瑟和威索逊岛屿生物地理模型，保护区可以看作一个被损害生境包围的“生境岛”。“岛”上的物种与面积之间存在以下的关系：$S=CA^z$，其中 S 和 A 分别代表物种数量和生境面积，C 和 z 是特定物种及环境条件下的参数。这一

〔1〕 http：//www.cys.gov.cn/。

图 9-3　大别山湖北地区水土流失治理图

Fig 9-3　The map of govern soil and water losing about Dabie Mountains in Hubei province

公式指出，当栖息地面积很小时，保护面积的微小增加会导致物种的大幅度增加[1]。因此，建立以主峰“天堂寨”为核心的大别山自然保护区，增加保护区域范围，扩大“生境岛”面积，建立足够大的自然保护区，对于更好地保护大别山的生态环境和生物多样性具有十分重要的意义。该保护区范围的确定，要结合聚类分析的结果，以罗田、英山、团风三个县为主，因为这几个地区地质多样性和生物多样性资源最为丰富，而且彼此相联。

其次，展开对生物物种资源调查、区系成分分析、群落结构以及群落的物种多样性等基本要素的分析，进行生物多样性编目，开展生物多样性保护战略研究，建立生物多样性信息系统；同时在保护区范围内建立长期的监测站点，对生物多样性实施动态监测，特别是对珍稀濒危物种开展遗传多样性、种群结构、群落生态等方面的研究。

第三，对于那些种群个体数量已非常稀少，或者分布区被分割限制在几个狭小的区域内的珍稀动物，采取必要的技术方法展开特殊的保护与管理。例如，可以采用人工干预的手段，进行人工配种，促进后代繁衍；并建立遗传谱系，防止近亲繁殖，以维持种群的健康发展。还例如，高速公路的修建阻断了动物原有的迁徙通道，要建立专门的通道，以方便两侧动物的交流和迁徙。还可以建立“湖北大别山野生动物救护站”，救治那些受伤的野生动物等等。

---

〔1〕 http：//www. mcgt. cn/shownews. asp? newsid＝2328。

第四，宣传生物多样性知识，对广大群众和相关群体，开展生物多样性的知识普及及保护培训工作。制定区域生物多样性可持续利用规划。生物多样性利用规划主要包括遗传多样性和景观多样性两个方面，具有很高的开发利用价值和旅游价值[1]。这些资源的开发既为地区经济发展提供了一条道路，同时又保护了生物物种及生态环境。制定针对保护本区生物多样性的政策法规，加强执法力度，及时查处一切破坏森林，非法捕猎重点保护野生动物，非法采挖重点保护野生植物的违法犯罪行为，以维护生物多样性保护的正常的法律秩序。

第五节　完善政策法规体系，宣传地质多样性知识

从上面这些现状可以看到，大别山湖北地区发生的对环境的破坏都是由于人类不合理的行为造成的。因此，要通过法律手段，来规范人们的行为，减少对地质多样性资源的破坏。除了遵循国家相应法律法规，例如《中华人民共和国环境保护法》、《中华人民共和国水污染防治法》、《地质遗迹保护管理规定》、《中华人民共和国矿产资源法》及《中华人民共和国自然保护区条例》等法律，依法治国以外；地方政府部门还要根据本地实际情况，建立和完善地方政府对大别山湖北地区地质多样性保护的法规体系，将地质多样性保护纳入法制化管理的轨道。例如：颁布和制定"大别山湖北地区环境保护管理条例"、"大别山湖北地区森林管理条例"、"大别山湖北地区建设项目环境保护管理办法"等等，并且要按照国家所制定的相关法律法规的要求，严格执行，强化监督检查，严厉打击破坏地质多样性的违法行为。另外，地方政府还要制定农业、林业、矿业等方面的各种政策，以保护大别山湖北地区地质多样性资源。例如《湖北大别山区退耕还林条例》的制定就有利于该地区土地资源的保护。

其次，地质多样性的保护必须依赖于公众的理解、支持和参与。一提到"生物多样性"这个概念，由于多年来广泛的宣传与普及，基

[1] 谭伟福：《广西生物多样性评价及保护研究》，《贵州科学》2005年第2期。

本每个成年人甚至包括小孩都知道，但知道“地质多样性”概念的人就很少了。这就需要通过各种方法和渠道让广大居民了解地质多样性的相关知识，包括它的成因、分类、表现形式、活动规律、价值及意义等等内容，从而在民众中建立起资源可持续利用的观念，提高人们保护地质多样性资源的意识，使地质多样性的保护工作成为人们的自觉行为。

针对大别山湖北地区的实际情况，具体可以采取以下行动：在当地的中小学校开展相应的地质多样性知识的讲座；在旅游景点、社区设立科技博物馆，形象生动地讲解地质多样性知识；印刷反映本区域地质多样性知识的手册；鼓励各级政府人员到学校或地质科研单位学习地质多样性相关知识；充分利用各种宣传媒介，加大宣传力度等等。通过这些方法会让更多的人了解地质多样性知识，并对其进行有力的保护。

第六节　加强科学研究，恢复地质多样性

首先，要加强地质多样性的基础理论研究。从目前国内外的研究情况看，国外研究的较多，而且主要侧重于地质多样性应用领域的研究，例如在溪流沉积、海岸坍塌、环境污染、旅游开发、生物种类等方面的应用。一般都是通过具体的实证研究，来分析与地质多样性的相关关系，或地质多样性对研究内容所产生的作用及影响。而中国对地质多样性的研究基本没有开展，还处于开创阶段。鉴于国内外这种研究现状，相关领域如地理、地质、资源、环境、旅游、生态等方面的专家、学者应该重视对地质多样性的研究，特别是加强对地质多样性的理论、内容体系、技术方法、定量评价等方面的基础理论研究。有关大别山湖北地区的地质多样性理论研究一定要充分利用湖北省高等学校、科研院所的知识、技术优势，加强对其的研究。其次，除了理论研究以外，要积极开展恢复地质多样性、减少地质灾害发生的技术研究工作。

关于大别山湖北地区地质多样性资源的保护，还必须注意以下两个方面的要求：

第一，由于地质多样性是一个复杂的巨系统，系统各要素之间是相互联系、相互影响的。所以在进行开发治理时，要统筹兼顾，全面保护区域内所有的资源，不能顾此失彼，这样会影响到整个系统的安全。一定要用系统理论进行指导，全面保护地质多样性资源。

第二，针对大别山湖北地区各县市地质多样性资源情况的不同，应因地制宜的采取各自不同的保护措施。例如，英山、罗田、团风、黄陂等县区的地质多样性资源最为丰富，关于其地质多样性资源的保护就侧重于建立自然保护区、开展区域旅游合作、建设地质公园等方面；其他县市区地质多样性资源保护则突出在治理水土流失、减少地质灾害、恢复生物多样性等等；对各县市区都要进行地质多样性知识的宣传教育等。

总之，大别山湖北地区地质多样性资源丰富，其土壤、岩石、地貌、气候、生物、景观、人文等地质多样性资源的开发，在给当地带来经济效益的同时也带来了一系列生态环境质量降低和退化的问题。当地管理部门应提高认识，树立可持续发展的观念，通过健全管理机构、完善管理机制、提高管理水平，科学规划，协调好地质多样性资源开发与保护之间的关系，形成全社会保护地质多样性的良好风尚。

第十章

湖北英山旅游资源开发与保护

第一节　英山县基本概况

一　自然概况

(一)地理区位

英山县位于湖北省的东部，大别山主峰“天堂寨”的南麓，东与安徽省岳西、太湖县交界；南与本省的蕲春、浠水县接壤；西与本省的罗田县相邻，北与安徽省金寨、霍山县毗连。全县总面积1449平方公里，版图形状似一个斗柄朝南、斗勺朝东的北斗七星。

(二)地质地貌特征

在太古代末期至中生代前期，今英山地区与附近地区还是一片汪洋大海。在漫长的地质历史时期里，发生了多次地壳构造运动。

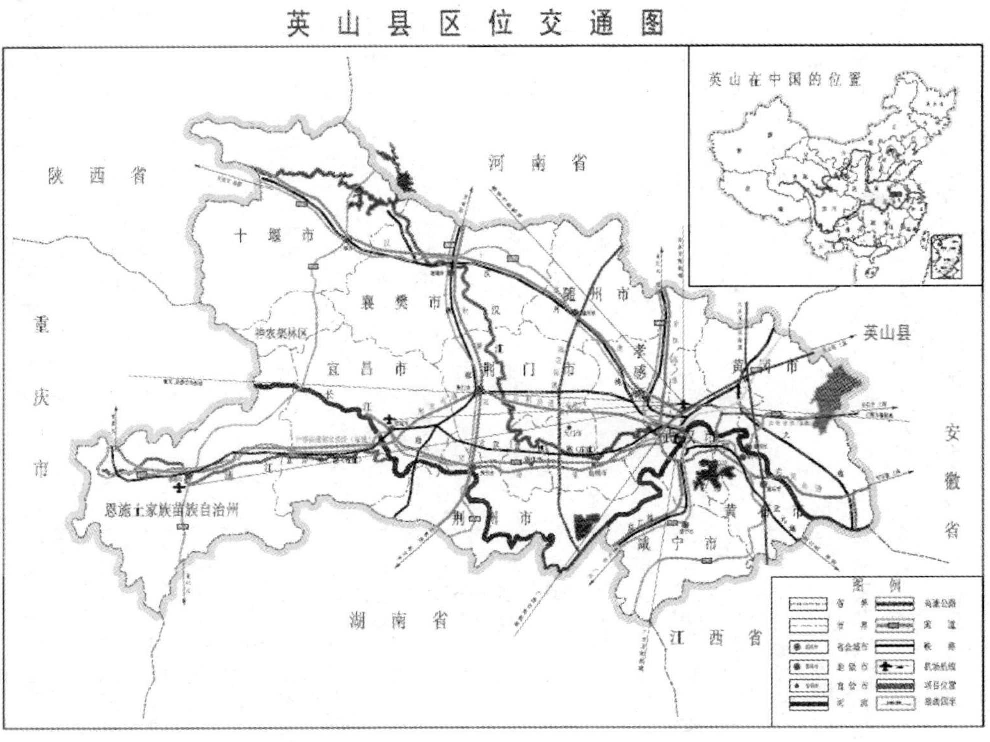
英山县区位交通图
英山在中国的位置
陕西省
河南省
十堰市
襄樊市
随州市
孝感
英山县
黄冈市
重庆市
神农架林区
宜昌市
荆门市
安徽省
恩施土家族苗族自治州
荆州市
咸宁市
黄石市
湖南省
江西省
图例
省界
市界
省会城市
地级市
自治州
河流
高速公路
隧道
铁路
机场航线
项目位置

图 10-1　英山区位图

其中，大别—吕梁和印支两次巨大的运动，使褶皱区地壳不断上升，形成各种形状不同的山脊和山谷。境内主要受北东向的褶皱和断层所控制，由于挤压应力不均衡，使北东向褶皱和断层发生轴向改变，形成弧形构造带。英山县域内的三条山脊就是北东向弧形褶皱上升的结果。县域内东、西两条大河就是北东向断层所形成的。后来的燕山运动，使原来的北东向弧形构造产生北东向褶皱、冲断层和挤压破碎带，形成一些南北走向的山体和河流。此后，经过第三、第四纪漫长时期的内外营力综合作用，逐步形成今英山县域内现代的"三山夹两河"的地貌轮廓。

英山全境以中低山为主，有"八山一水一分田"之说。北部大别山主峰"天堂寨"，向东北延伸，构成了云峰顶、石鼓寨、五峰山等一系列山峰，再向西分支为三大山脊，夹着东西两条河流，贯穿全境，构成由北东向南西逐渐倾斜的地势。最高点海拔 1729 米，最低点(船形垸)海拔 90 米，高差 1639 米，平均坡度 17°。

(三)气象与水文

英山属于北亚热带湿润季风性气候，温暖湿润，雨量充沛，四季分明。气温由于海拔高度的变化而存在明显的垂直差异。年平均气温 16.4℃，1 月平均气温 3.6℃，7 月平均气温 28.5℃，年平均无霜期 241 天。全县年平均降水量达到 1403 毫米，降水随海拔高度上升而增加。降水量的年际变化也较大，年降水量的 70%集中于 4—8 月，暴雨日 5.1 个。年平均日照时数为 1966.1 小时。主要灾害性天气有洪涝、大风、山体滑坡、雷暴、干旱和连阴雨、低温冷害等。其中以洪涝危害最大。

(四)土壤

英山境内地壳以大别山古老变质岩和侵入岩组成，土壤母质以花岗片麻岩为主的掩体，经过长期风化作用形成。共有五大土类，11 个亚类，23 个土属，89 个土种。其中黄棕壤占总面积的 86.97%，水稻土占总面积的 12.29%，其他土类共占 0.74%。

(五)动植物资源

英山全境属亚热带气候，境内群山绵亘，草木繁荣，蕴藏着较为丰富的野生动植物资源。其中国家二级以上保护野生动物 11 种，省级重点保护野生动物 40 种。全境现存乔木树种 172 种，灌木树种

236种。其中国家二级以上保护树种25种，省重点保护植物15种。

二　社会经济概况

(一)人文背景

宋咸淳六年(公元1270年)，分罗田以东的直河乡，始建英山，时属六安州。民国元年(1912年)，属安徽省，不久改归淮泗道。民国三年(1914年)改属安庆道。民国十九年(1930年)，中共英山县委领导农民起义，即“三·二”暴动，改英山为“红山县”，属鄂豫皖特区西北道。1932年红军主力转移，国民政府复称英山县，并于本年将英山县划为湖北省管辖。1949年3月19日民国县政府被取消。中华人民共和国成立后，英山成为湖北省黄冈专员公署管辖之地。1996年，黄冈市成立，英山隶属黄冈市。

目前英山县辖11个乡镇，3个林场，309个行政村，总人口为40.5万人。其中乡村人口大约占87%，男女比例大约为1.1∶1。全县除汉族以外，还有回族、土家族、满族、壮族、傈僳族、朝鲜族、侗族7个民族。

(二)社会经济发展状况

中华人民共和国建立以来，特别是改革开放(1978年)以后，英山的经济快速发展。2006年全年生产总值206529万元(2005年可比价，下同)，增长11.2%，提高1.3个百分点。其中，第一产业增加值93069万元，增长6.0%，提高2.6个百分点；第二产业增加值44398万元，增长15.7%，提高1.0个百分点；第三产业增加值69062万元，增长16.0%，提高2.6个百分点；英山人均生产总值达到5992元，增加820元。2007年全县全口径财政收入比上年增长40.25%，增幅居黄冈市首位；国民生产总值、财政收入保持两位数增长，居黄冈市第二；规模以上工业增加值可比价发展速度达到51.5%，居黄冈市第一。

目前，英山县各项经济指标全面、高幅度增长，新产业、新行业从无到有，从小到大，全县经济实力显著增强。经济结构明显改善，劳动力由第一产业向第二、三产业转移，实现了比较合理的“二、一、三”排列顺序的产业格局。随着经济的发展，全县基础设施的建设不断完善，特别是能源、交通、邮电、水利和城镇建设等项目得到了空前的发展。英山县的社会经济发展有较为坚实的基础。

三　旅游业发展现状

英山县是“贫困”山区县，长期以来形成较为落后的产业经济结构，阻碍了经济的发展。为改变这种状况，中共英山县委、英山县政府大力提倡并开发“生态旅游”、“红色旅游”、“温泉旅游”。2006年全县全年接待国内旅游人数达19.1万人次，旅游综合收入12000万元。经过不断的努力，英山的旅游业得到迅速发展。首先，旅游基础设施建设不断加强。在交通方面，先后完成对途经本县的公路318国道的改建、城区至张家咀水库大坝沿途公路的“硬化”、改建扩建吴家山、桃花冲旅游公路等；在吴家山、桃花冲等重点景区新建星级宾馆、“农家饭店”等设施；还完成了重点景区的移动通信建设、电网改造工程、有线电视网络等基础设施，大大提高了景区的接待能力，改善了旅游接待环境。其次，大量的招商引资，积极开发旅游项目。先后开发、建设了“大别山洞穴漂流”、“温泉休闲度假”、农副产品深加工、武圣宫道教景观、万人“太极广场”、“民俗文化村”、大别山主峰“天堂索道”、“龙潭峡漂流”、“大别山风情广场”、“桃花冲影视拍摄基地”等项目。再次，为了创建旅游品牌，先后举办“登大别山主峰，敲千禧年神钟”、“观大别山红日，迎新世纪曙光”、“雍华杯”汽车、摩托车旅游集结赛、大别山风情篝火晚会、英山“地税杯”“大别山旅游形象大使选拔赛”、“中国英山南武当山首届国际旅游文化节”、“南武当首届国际武林大会”、茶文化旅游节、万人景区长跑赛活动等一系列的旅游文化活动。同时还通过国际互联网、旅游行业联动和多媒体宣传等多种方式，大大提高了英山旅游产品的知名度和市场占有率。英山还积极开发茶叶、蚕丝以及各种“绿色食品”等旅游商品，积极促进了旅游产业的综合发展。

表 10-1 英山县主要旅游资源类型一览表

Table 10-1 List of the main tourist resourees in Yingshan

主类	亚类	代码	基本类型	简要说明
A地文景观	AA 综合自然旅游地	AAA	山丘型旅游地	吴家山、五峰山、桃花冲
	AC 地质地貌过程形迹	ACA	凸峰	天堂寨主峰、大同尖、鸡鸣尖、九龙山、乌云山、羊角尖、皋陶山、文字山、英山尖、踞人石、王家界
		ACE	奇特与象形山石	梅家岩、仙人岩、麻姑岩、瀑水岩、狮子石、鸡心石、鸡冠寨、毛公山、桃花女、妙莲峰、仙人台
		ACG	峡谷段落	龙潭峡谷、毕升峡谷、鱼龙河谷、黑虎河谷、响水河谷、李道河谷
		ACL	岩石洞与岩穴	将军洞、红军洞
	AD 自然变动遗迹	ADE	火山与熔岩	龙潭峡河谷熔岩
	AE 岛礁	AEA	岛区	桃花岛
B水域风光	BA 河段	BAA	观光游憩河段	桃花溪
	BB 天然湖泊与池沼	BBC	潭池	瑶池、日月潭、黑龙潭、仙女潭、小池潭
	BC 瀑布	BCA	悬瀑	挂天瀑、天堂瀑、龙潭飞瀑、龙门瀑、桃花瀑、鸳鸯溪
		BCB	跌水	三叠泉
	BD 泉	BDB	地热与温泉	东汤河、西汤河、南汤河、北汤河、城区中心、杨柳湾、芭茅街、卢家湾
C生物景观	CA 树木	CAA	林地	古藤园、继木园、高山杜鹃花丛林、油茶林
		CAC	独树	桂花树、楮树、紫荆树、鸡爪漆、山毛榉、古龙松、红豆衫、千年油皮树、翻身树
	CC 花卉地	CCB	林间花卉	高山杜鹃花、油茶花、桃花、报春花、野樱桃花
	CD 野生动物栖息地	CDB	陆地动物栖息地	吴家山、桃花冲林场(娃娃鱼、野猪、野山羊、金钱豹、小灵猫、香獐、猫头鹰等)
		CDC	鸟类栖息地	吴家山、桃花冲林场(有蝴蝶、锦鸡、长尾雉等)
D天象与气候景观	DA 光现象	DAA	日月星辰观察地	大别日出、高台望月、小岐岭观日台
	DB 天气与气候现象	DBA	云雾多发区	天堂云海
		DBB	避暑气候地	南武当山景区、五峰山景区、桃花冲景区、丝茅岭度假村、占家河景区
E遗址遗迹	EB 社会经济文化活动遗址遗迹	EBA	历史事件发生地	红 27 军组建地、红 25 军驻地、红 4 区政府旧址、烈士塘
		EBB	军事遗址与古战场	羊角尖会议会址、鸡鸣河会议会址、红山中心县苏维埃旧址、大竹园会议遗址、红 28 军医院旧址、雷达站遗址、蔡家畈山头药店、红山中心县兵工厂
E遗址遗迹	EB 社会经济文化活动遗址遗迹	EBF	废城与聚落遗迹	鸠鹚古邑
F建筑与设施	FA 综合人文旅游地	FAC	宗教与祭祀活动场所	武圣宫、玉皇庙、文昌宫、关帝庙、邑侯祠、擂鼓岩庙、圣帝庙、先师庙、石鼓庙、伽蓝寺
	FB 单体活动场馆	FBD	体育健身馆场	温泉跳水游泳馆
	FC 景观建筑与附属型建筑	FCI	广场	大别山风情广场
	FD 居住地与社区	FDA	传统与乡土建筑	段氏府、李公桥
		FDC	特色社区	龙潭河村、凉亭村、乌云山村、东冲河村、百丈河村、河南畈村
		FDD	名人故居与历史纪念建筑	陈卫东故居、毕升纪念馆、英山烈士陵园、抗日阵亡将士纪念碑、红 27 军纪念塔、张体学纪念碑、红 25 军纪念碑
	FE 归葬地	FEB	墓(群)	英布墓、傅说墓、毕升墓、毕文忠墓、毕翰儒墓、金光悌墓、82 烈士墓等
	FG 水工建筑	FGA	水库观光游憩区段	占河水库、张咀水库、红花水库、白莲河水库
G旅游商品	GA 地方旅游商品	GAB	农林畜产品及制品	茶叶、蚕丝制品、香椿、竹笋、蕨菜、薇菜、灯笼大椒、油茶、粉丝、实木家具、营养保健油等
		GAD	中草药材及制品	天麻、桔梗、茯苓、杜仲、金银花等
		GAE	传统手工产品与工艺品	缠花、剪贴、泥塑、雕刻、花样、刺绣、纺织、纸扎等
H人文活动	HA 人事记录	HAA	人物	皋陶、英布、毕升、傅说、沈佺期、金光悌、傅慧初、闻筱缉、熊召政、姜天民、刘醒龙
		HAB	事件	红 24 军、25 军、28 军根据地、红 27 军组建地、刘邓大军挺进大别山
	HB 艺术	HBA	文艺团体	英山县黄梅戏剧团、文化联合黄梅戏剧团、采茶戏剧团、夕阳红艺术团
	HC 民间习俗	HCC	民间演艺	小调、山歌、田歌、灯歌、牌子锣鼓、高跷、打莲湘、采莲船、蚌壳精、舞龙灯、采茶戏、赶柳戏、英山黄梅戏、英山花鼓、渔鼓道情、北调花鼓、南调花鼓
		HCF	庙会与民间集会	雷店庙会、碧崖山华严经庙会、城隍神会、托盘会
		HCG	特色饮食习俗	熏腊肉、雪花粑、火烧粑、南瓜粑、吊锅、竹根狸
	HD 现代节庆	HDA	旅游节	南武当武林大会、中国英山茶叶节、湖北民间艺术游首发式、南武当国际文化旅游节;民歌、民俗、民舞汇演

第二节　英山县旅游资源评价

一　英山县旅游资源分类

为了更全面、系统的对英山的旅游资源进行评价和分析，参照国家质量监督检验检疫总局颁布的《旅游资源分类、调查与评价》(GB/T1972—2003)中有关旅游资源的分类方案，对英山的旅游资源进行分类，见表10-1。

上述旅游资源调查结果显示，规划区旅游资源总计有8大类25亚类41种基本类型。自然旅游资源83种，其中地文景观32种，水域风光22种，生物景观21种，天象与气候景观8种；人文旅游资源121种，其中遗址遗迹13种，建筑与设施33种，地方旅游商品24种，人文活动52种。

二　旅游资源定量评价

根据中华人民共和国国家质量监督检验检疫总局发布的《旅游资源分类、调查与评价》GB/T 1972—2003旅游资源评价赋分标准(表10-2)，对英山县旅游资源进行定量评价，评价结果见表10-3。

表10-2　旅游资源评价赋分标准表

Table 10-2　Evaluation of tourism resources standard table

评价项目	评价因子	赋值			
		Ⅰ	Ⅱ	Ⅲ	Ⅳ
资源要素价值(85分)	观赏游憩使用价值(30分)	30～22	21～13	12～6	5～1
	历史文化科学艺术价值(25分)	25～20	19～13	12～6	5～1
	珍稀奇特程度(15分)	15～13	12～9	8～4	3～1
	规模、丰度与几率(10分)	10～8	7～5	4～3	2～1
	完整性(5分)	5～4	3	2	1
资源影响力(15分)	知名度和影响力(10分)	10～8	7～5	6～4	3～0
	适游期或使用范围(5分)	5～4	3	2	1
附加值	环境保护与环境安全	−20	−10	−3	3

得分值域≥90分的为五级旅游资源；≥75～89分的为四级；≥60～74分的为三级；≥45～59分为二级；≥30～44分为一级；≤29分是未获等级旅游资源。

表 10-3　英山县旅游资源定量评价结果表

Table 10-3　The results of table about Yingshan quantitative evaluation of tourism resourees

旅游资源点评定级别	旅游资源点
五级旅游资源点	天堂寨主峰、十里桃花溪、毕升故里、英山温泉
四级旅游资源点	南武当山、桃花冲、乌云山、羊角尖、大同尖、五峰山、鸡鸣尖、鸡心石、天堂云海、龙潭峡谷、挂天瀑、龙潭飞瀑、三叠泉、占河水库、张家咀水库、白莲河水库、东汤河、古龙松、千年油皮树、小岐岭观日台、武圣宫、玉皇庙、段氏府、毕升墓、毕升纪念馆、英山烈士陵园、雷达站遗址、龙潭河村、鸠鹚古邑、温泉跳水游泳馆、东冲河村、百丈河村、河南畈村
三级旅游资源点	皋陶山、英山尖、鸡冠寨、毛公山、桃花女、毕升峡谷、鱼龙河谷、黑虎河谷、李道河谷、龙潭峡河谷熔岩、西汤河、北汤河、南汤河、城区中心、杨柳湾、芭茅街、卢家湾、高山杜鹃花丛林、翻身树、鸡爪漆、山毛榉、桂花树、楮树、紫荆树、红豆杉、高山杜鹃花、羊角尖会议会址、鸡鸣河会议会址、红山中心县苏维埃旧址、大竹园会议遗址、红 28 军医院旧址、伽蓝寺、大别山风情广场、凉亭村、李公桥、红 27 军纪念塔、金光悌墓、傅说墓、毕文忠墓、82 烈士墓、张体学纪念碑、桃花岛、鸳鸯溪、天堂瀑、龙门瀑、桃花瀑、黑龙潭、仙女潭、小池潭、大别日出、天堂寨避暑地、九龙山、文字山、跽人石、王家界、梅家岩、仙人岩、麻姑岩、瀑水岩、狮子石、鸡冠寨、红花水库、丝茅岭度假村
二级旅游资源点	妙莲峰、仙人台、响水河谷、将军洞、红军洞、瑶池、日月潭、古藤园、继木园、油茶林、黄山松林、油茶花、桃花、报春花、野樱桃花、红 25 军驻地、红 4 区政府旧址、烈士塘、蔡家畈山头药店、红山中心县兵工厂、红 27 军组建地、文昌宫、关帝庙、邑侯祠、擂鼓岩庙、圣帝庙、先师庙、石鼓庙、陈卫东故居、抗日阵亡将士纪念碑、红 25 军纪念碑

英山县主要旅游资源分布图如图 10-2 所示：

图 10-2 英山县主要旅游资源分布图

Fig 10-2 Distribution of the main tourism resources in Yingshan

第三节　英山县旅游资源分析

一　单项旅游资源评析

（一）温泉旅游资源

1. 英山温泉资源概况

第一，英山温泉资源丰富，水量大，广泛分布于温泉镇、红山镇、杨柳湾镇等地。目前，英山境内已探明的有东汤河、南汤河、西汤河、北汤河 4 处温泉和城中、卢家湾、芭茅街 3 处地热点，除南汤河、杨柳地热田尚未开发之外，现有以县城温泉镇为中心的出露点 5 处。英山主要温泉资源可开采量见表 10-4。

第二，从资源空间分布来看，英山温泉资源主要分布在英山县城城区及周边，开发利用价值较高。其中仅温泉镇就有西汤河、北汤河、南汤河、城区中心 4 个泉眼；东汤河距离温泉镇 12 公里；卢家湾位于西汤河与北汤河之间；杨柳湾距离温泉镇 15 公里；丝茅岭芭茅街距离温泉镇也只有 7 公里。

表 10-4　英山县主要温泉可开采量等参数确定结果表

Table 10-4　The results of table about Yingshan main hot springs recoverable amount of and other parameters

温泉资源区	面　积（km^2）	可开采量（m^3/d）	最高温度（℃）	热　量（kcal/d）	控制开采量（m^3/d）
东汤河	0.045	3586.4	51	1.2445×10^8	2869.1
西汤河	0.076	2787.06	76	1.5663×10^8	2229
北汤河	0.0765	1062	64	0.5066×10^8	849.6
卢家湾	0.44	935	58.5		748
丝茅岭		6000	70		
合计		8370.46			6695.7

第三，英山温泉从成因来看，属于断裂深循环地热增温型。近南北向构造为储热、控热构造，北东向、近东西向构造为导水、导

热构造，上述构造在一定深部之复合交汇破碎部位，形成热储，这种构造是形成地热最有利的构造部位。补给高程为300～500米，补给区位于北部山区，地表水、降水顺裂隙、断裂破碎带渗入地下经构造通道由北向南深循环径流运移，遇北东向断层受阻以最短途径泄出地表。

第四，英山温泉流体温度一般43℃～76℃，最低43℃，最高76℃，属低温地热资源。水化学类型一般为SO_4—Na型或SO_4—HCO_3—Na型，pH值7.2～8.25，总硬度43.59～72.63mg/L，溶解性总固体254.80～364.64mg/L，含有多种有用微量元素组分，如Sr、H_2SiO_3等，属中性—弱碱性低矿化度软水。

2. 英山地热资源开发现状

地热既是珍贵的旅游资源，又是保健流体，新能源，在地区经济建设、社会发展中占有十分重要的地位。目前，英山丰富的地热资源已被广泛利用到工业、农业、水产养殖、科研、医疗保健、体育、旅游观光、居民生活八大领域109个项目中。该县的地热资源开采利用主要集中于东汤河、西汤河、北汤河三处，详情见表10-5、表10-6。

从以上英山地热水消耗市场调查表中可以看到，用水量最大的是城镇居民生活采暖与生活用水，占总用水量的54.5%；而用于体育、旅游、医疗、服务等方面的仅占总用水量的14.9%；用于农业方面的占总用水量的15.6%；用于其他方面的也占总用水量的14.9%。因此可以看出，目前英山地热资源主要用于城镇居民生活采暖与生活用水，其次用于农业，再次用于体育、旅游、医疗保健和其他方面。如果要真正发挥和提高地热资源在英山县国民经济建设中的地位和作用，必须调整用水结构，提高在旅游、医疗保健、体育等方面的用水量比例。特别是在旅游业中的比例，因为旅游业前后产业链长，对经济的带动作用最明显。

3. 英山温泉资源与相邻地区资源对比分析

湖北省是个温泉资源丰富的省份，省会武汉市周边亦有很多温泉。除了汤池温泉、龙佑赤壁温泉、龙湾温泉、嘉沦河湿地温泉四大温泉外，全省范围内还有20多家温泉景点。由于不同的地质构造，在不同区域的温泉各有不同的特点。例如：英山县、罗田县境内的温泉以高温为主；咸宁、赤壁、崇阳、通城境内，多为中温温

表 10-5　英山县地热资源开采区现状一览表

Table 10-5　The list of status in mining areas about Yingshan of geothermal resources

温泉资源开采	开采面积 (km²)	平均开采量 (m³/d)	开采井孔 (眼)	开采井密度 (眼/km³)	开采模数 (×10⁴m³/d. km²)
东汤河	0.0162	3281.32	4	246.91	20.255
西汤河	0.0338	1504.606	4	118.34	4.4515
北汤河	0.032	1071.673	5	156.25	3.3490
合计		5857.599	13		

表 10-6　英山地热水消耗市场预测调查表

Table 10-6　The geothermal water consumption market forecast survey in yingshan

单位：万吨

序号	项　目	日　耗	年　耗	备　注
1	城镇居民生活采暖与生活用水	1	366	居民人数 20 万人
2	旅游、医疗、招徕服务	0.22	80	年 40 万人次
3	体育	0.06	20	
4	名优水特产越冬与繁殖	0.5	75	150 天保温期
5	名贵珍稀植物繁殖	0.3	30	100 天保温期
6	其他	0.5	100	200 天保温期
7	合计	2.58	671	

泉；应城至襄樊一带，以中高温温泉为主；神农架林区附近的房县、保康、巴东、长阳一带温泉资源也相对集中。由于同类旅游资源在空间上互相排斥，所以如果英山大力开发温泉旅游资源，是否能够占领足够的市场份额，是关键问题之一。由于英山温泉的地理位置主要对省会武汉及其湖北省东部地区及相邻的皖东、赣北的一些城市的客人更有吸引力，所以下面对以英山为中心 200 公里范围内的温泉资源，从地理区位、温泉资源概况、依托的旅游资源、开发性质及规模等方面进行对比分析，见表 10-7。

对以英山县城为中心为半径 200 公里的范围内，所分布的 14 处温泉，通过对比分析，可以得出以下结论：

第一，比较日出水量，嘉沦河湿地为 20000 吨，应城汤池温泉为 10400 吨，而英山温泉的可开采量，在杨柳、芭茅、温泉城区一

表 10-7 英山 200 公里范围内温泉资源对比一览表

Table 10-7 The list of hot springs resources with in 200km comparing in yingshan

温泉名称	地理区位	资源概况	依托旅游资源	开发性质及规模
英山温泉	位于英山县城附近，距武汉 180 公里（武英高速公路通车后英山距武汉 110 公里）	现有泉眼，出水量 7000 吨，分布集中，水温为 46℃—76℃，含硫酸根、氯离子等 17 种矿物质	“天堂寨”、南武当、五峰山、桃花冲、毕升墓、龙潭峡谷漂流、占家河神仙谷漂流	待开发
咸宁温泉	位于咸宁温泉镇，距武汉 80 公里	有泉眼 14 处，水温 50℃左右，含有硫酸盐等十多种矿物质	太乙洞、星星竹海	有温泉接待中心
九龙温泉	位于武汉江夏区豹遵镇西南，北距武汉市中心城区 18 公里	水温 72℃左右	革命烈士纪念馆、梁子湖、青龙山森林公园	未开发
罗田三里畈温泉	位于罗田县三里畈，距武汉 165 公里	平均水温 63℃，最高温度达 75℃	薄刀峰、“天堂寨”	温泉疗养年平均 3 万人次
蕲春温泉	位于蕲春县桐梓，距武汉 120 公里	日流量 140 吨，水温 23℃—42℃，是重碳硫酸钠型水	李时珍墓、蕲春烈士陵园	未开发
大冶章畈温泉	位于大冶市汪仁镇，距武汉 80 公里	日出水量达 2000 吨，水温 35.5℃，水中氡离子含量高	大同山、天台山、大冶湖、保安湖等	未开发
罗田白庙河温泉	位于罗田白庙河，距武汉 150 公里	日出水量 500 吨，水温 60℃—80℃，水质以硫酸钠型为主	薄刀峰、“天堂寨”	未开发
崇阳浪口温泉	位于崇阳县浪口，距武汉 110 公里	日开采量 5000 吨，水温 49℃，裂隙岩溶灰岩，分布较大	幕阜山、洪下竹海、百全省级地质公园	规划建设天然矿泉休闲中心、度假宾馆、户外休闲运动区、保健饮品生产基地等，投资总金额 6580 万元
龙佑赤壁温泉	位于赤壁市境内，距武汉 110 公里	水温 62℃，属于含偏硅酸、放射性氡、硫酸钙型，含 30 多种微量元素	赤壁古战场、陆水湖、“水浒城”、神龙洞	华中地区最大的景观温泉，有一座拥有 18 栋别墅的酒店。
应城汤池温泉	位于应城市汤池镇，距离武汉 100 公里	日出水量 10400 吨，含有益人体矿物质 48 种，氡和氢含量多	鸳鸯溪、绿林镇	占地 560 亩，以温泉沐浴、休闲保健为主的度假区。
孝感天紫湖温泉	位于孝感市孝南区肖港镇，距武汉 45 公里	生态的温泉，包括黄金池、翡翠池、玛瑙池及中药泡池	天紫湖、双峰山风景区、白兆山、董永公园	113 套客房和 26 栋别墅，集湖光水色、康体娱乐、商务会议于一体的大型综合度假地。
嘉沦河湿地温泉	位于武汉东西湖区吴家山与孝感交界，离武汉 38 公里	水温达 65℃以上，日出水量 2 万吨，属地下碳酸温泉，含大量铁、硫、钙、镁、钾等矿物质	沦河、黄鹤楼、董永公园	以商务、休闲、会议等为主，同时容纳 4000 人理疗。
庐山龙湾温泉	位于江西九江，距离武汉 200 公里	水温 72℃，泉质中性，含 30 多种矿物质微量元素	庐山、鄱阳湖	大型综合度假村，面积 200 亩，同时容纳 2000 人沐浴。
天沐庐山温泉	在江西庐山山南，距离武汉 210 公里	温泉水质优良，温度高、无臭气、无杂质	庐山、鄱阳湖	占地 200 亩，集温泉、餐饮、客房于一体的度假村。

南汤河的地热可开采量未详查之前，已达 7000 吨，在这些温泉中目前可排在第三位。如果增加对杨柳、芭茅、温泉城区—南汤河的地热开采的话，其出水量还会进一步提高，相应的温泉旅游资源开发的规模也将得到一定程度的提高。

第二，从水质对比来看，据对泉水的化学分析，应城汤池温泉含有 48 中矿物质，是最多的；龙佑赤壁温泉、庐山龙湾温泉含有 30 多种矿物质，然后就是英山温泉、嘉沦河湿地温泉、天沐庐山温泉、咸宁温泉等含有十几种矿物质。英山的温泉中富含硫酸根离子和氯离子，而且氟、偏硅酸的含量达到医疗热矿水水质标准，这在温泉水中是极其罕见的。就是因为水质较好，湖北省体育局冬泳跳水基地就设在这里，获得"世界冠军"等称号的体育跳水项目运动员周继红、伏明霞、肖海亮等曾先后在这里训练，因此英山温泉被誉为"世界跳水冠军的摇篮"。

第三，从水温来看，英山温泉的最高温度可以达到 76℃，而在这 14 处温泉中，只有白庙河温泉的水温超过 76℃，达到 80℃。但白庙河温泉的日出水量却很小，只有 500 吨。因此，从水温来看，英山温泉是最适宜开发的。

第四，从依托的旅游资源来看，除了龙佑赤壁温泉、应城汤池温泉、庐山龙湾温泉、天沐庐山温泉等温泉依附有一定的旅游资源外，而最丰富的要数英山温泉了。它有著名的大别山主峰—"天堂寨"、桃花冲、占河水库、龙潭峡谷、毕升故里等重要的旅游资源作为支撑，让游客在享受温泉的同时，还能感受生态旅游、体验漂流乐趣、踏寻红军足迹、采购旅游商品等等。

第五，从目前开发情况来看，有相当一部分温泉出露点由于日出水量小，只能小规模的开采。开发规模较大的有庐山龙湾温泉、天沐庐山温泉、嘉沦河湿地温泉、应城汤池温泉、龙佑赤壁温泉五个温泉。

第六，从地理区位来看，英山距离武汉中心城区 180 公里；周边五个较大的温泉中，庐山龙湾温泉和天沐庐山温泉都位于江西省，距离武汉较远；嘉沦河湿地温泉距离武汉最近，只有 38 公里，但是它却没有可以依托的其他旅游资源；应城汤池温泉距离武汉虽然只有 100 公里，但由于道路的原因却需要两个半小时的车程；相比之下，龙佑赤壁温泉距离武汉110公里，在空间上比英山温泉更接近武汉这个大市场，但武英高速一旦建成，时空距离缩短为一个小时的车程，将大大拉近武汉与英山的距离，为英山争取武汉客源市场创造了最有利的交通条件。

综合以上六个方面的对比分析不难看出，英山温泉可以说是湖北省最好的温泉资源，具有较高的开发价值。如果在开发过程中，设计创新项目、突出地方特色、提升接待规模、加强市场营销，一定能全面提升和带动整个英山旅游业的发展和提高。

（二）峡谷漂流旅游项目

随着社会的发展，生活水平的提高，回归自然、挑战自然成为现代人们追求的时尚。漂流运动以其特有的运动形式成为现代人们融入自然、挑战自然的工具，特别是深受追求时尚、热衷“户外运动”的年轻人的喜爱，迅速在世界各地得到普及。在国内、湖北省的情况也是这样。下面对英山的漂流运动项目进行简要介绍：

1. 英山峡谷漂流开发现状

吴家山国家森林公园的龙潭峡谷长达12公里，两岸悬崖峭壁，风光秀美。其间九潭十八瀑，珠串连环，河水湍急，最高落差达8米。2005年，开发了其中的2.5公里的河谷漂流。行程2小时，海拔落差103米，沿途重峦叠嶂，松柏掩映，怪石嶙峋，藤缠树绕，千姿百态，生机无限，以其惊险刺激的“三级跳”水上飞舟而被誉为“华中第一漂”。另外，还利用占河、红花两大人工湖的双渠道，开发16公里的洞穴漂流旅游项目。在整个行程中游客要穿越31座涵洞、4座天桥和4.5公里的明渠，跨过30个山头，以“险、幽、奇、新”招徕大量游客，驰名江淮，被誉为“天下洞穴第一漂”。

2. 英山峡谷漂流规划建设项目

英山目前虽然已经开发两处漂流，但因为开发规模小，接待游客人数有限，尚不能满足市场的需求。因此，准备在“毕升大峡谷”开发一个漂流运动项目，以充分满足周边客源市场的需求。

毕升大峡谷位于英山县陶家河乡（当年红二十五军长征出发地）占河水库大坝以下。整个河谷长8公里，分上、中、下三个地段，亦称“三险”。拟建的漂流大峡谷地点就位于该大峡谷的中段。该峡谷两侧层峦叠嶂、万木争嵘、岩奇山秀、怪石嶙峋、碧潭珠串，瀑布连绵。规划可利用该峡谷河道，建设半天然漂流项目，并在河道两侧修建游览步道，为游客步行游览提供服务。整个漂流河谷可分两段：上段因落差大、险滩多，为“勇士漂流”段；下段河道平缓，是为小孩、妇女、老人提供的“逍遥漂”。漂完整个河道大约需要4个小时。拟接待游客量为每日3000人次左右。

3. 英山峡谷漂流与省内其他漂流对比分析

据表10-8分析总结如下：

第一，从漂流旅游资源的空间分布来看，主要集中在湖北省的西部，其中宜昌境内就有5处漂流，恩施土家族自治州有两处漂流；位于中部的京山县有一处；位于北部的红安县有一处。而湖北省的南部基本上没有，东部地区也只有英山县有漂流旅游项目。因此，英山的漂流项目完善了该项目在湖北省的分布范围。

第二，从客源结构来看，英山的客源市场主要是黄冈地区、武汉市、鄂州市、黄石市、咸宁地区以及安徽、江西等相邻地区。因此，其客源市场广阔。也就是因为其广阔的客源需求，目前开发的两处漂流项目不能满足日益增长的客源要求，需要开发新的漂流项目方可满足市场的需求。

第三，从资源特色来看，每个漂流项目都各有特色。英山“毕升大峡谷”的漂流项目开发中，也一定要突出资源特色，把自然风光、人文历史等有机的融合在一起，形成自己的品牌特色。

二　旅游资源综合评析

下面从旅游资源开发的优势、劣势、机会、威胁四个方面对英山全部旅游资源进行整体评价和分析。

(一)旅游资源开发优势分析

1. 旅游资源总量丰富

旅游资源调查结果显示，英山规划区旅游资源总计有8大类25亚类41种基本类型。自然旅游资源83种，其中地文景观32种，水域风光22种，生物景观21种，天象与气候景观8种；人文旅游资源121种，其中遗址遗迹13种，建筑与设施33种，地方旅游商品24种，人文活动52种。可以看出，英山旅游资源总的说来是比较丰富的。自然旅游资源主要集中在地文和水域风光方面，人文旅游资

表 10-8　湖北省漂流旅游项目一览表

Table 10-8　The list of rafting tourism projects in Hubei Province

漂流名称	地理位置	资源特色	主要市场
清江闯滩	位于清江中游湖北恩施市城区至汾水河大桥段	全长 38.5 公里，最窄处 15 米，最宽处 200 多米，沿途既能感受到惊险刺激的险滩潭流，观赏到如梦似幻的清江画廊，还能体验古朴独特的土家民俗，被誉为“神州第一漂”	恩施、重庆
九畹溪漂流	位于湖北秭归县境内，距三峡水库大坝 20 公里	上段两人一舟，闯越怪石密布、浪花四溅的激流险滩；下段坐观光艇或冲锋舟，穿越绝壁林立的九畹峡谷，体验浪遏飞舟的快感，享受战胜自我的激情，被誉为“三峡第一漂”	宜昌、荆州、武汉
柴埠溪漂流	位于湖北宜昌五峰土家族自治县	漂流段以洞河电站为起点，以巴蕉溪为终点，依山傍路，全长 9 公里，需要 4 个小时	宜昌、荆州、武汉
杨家溪 军事漂流	位于三峡西陵峡中段的石牌	漂流河段全长 7.5 公里，3 小时。游人着迷彩服，划迷彩皮艇，一路唱军歌，搏激流，过险滩，两岸风光飞掠而过	宜昌、荆州、武汉
朝天吼漂流（包括孔子河、夏阳河漂流）	位于湖北宜昌兴山县境内，宜昌至神农架的中途	孔子河漂流全长 4.5 公里，落差 78 米，景观秀美，水质清澈，适合老人小孩及喜欢观赏风光的游客；夏阳河漂流全长 5 公里，落差 128 米，开敞大气，惊险刺激，是年轻人的选择	宜昌、襄樊、十堰
野人谷漂流	位于三峡出山口的第一条支流黄柏河上	漂流全部采用双人艇，全程 5 公里，历经 3 关 18 滩，放漂心灵之舟，体验澎湃激情，尽享探险征服之乐	宜昌、荆州、武汉
兰草谷冲浪	位于湖北长阳五爪观	全长 5 公里，上游 1.5 公里惊险刺激，水流湍急，与浪共舞。下游 3.5 公里，平坦但仍不乏刺激，两岸峡谷幽深，滩潭相连，以冲滩见长	宜昌、恩施、荆州、
对天河漂流	位于天台山国家森林公园湖北红安县境内	河道全长 5.8 公里，落差 143 米，时间 2.5 小时。以其充足而安全的水源保障、茂密的原始丛林风光、罕见的青石板河床而著称	孝感、黄冈、武汉
鸳鸯溪漂流	位于湖北省京山县境内	距武汉 163 公里，全程 6000 多米，刚柔并济，疾缓相间，既能迎合与激流相搏，体验探险征服的冲动，也能满足碧水荡舟，品味温馨柔情的浪漫	荆州、襄樊、武汉
桃花源漂流	位于江西省星子县温泉镇庐山垄	水脉发源于庐山最高点大汉阳峰下，漂流河段长达 2.5 公里，时间 1.5 小时，被誉为“江南第一漂”	武汉 华中地区

源主要集中在人文活动与建筑设施方面。

2. 专项旅游资源突出

温泉资源和漂流资源是英山旅游资源中比较有特色的两类旅游资源。它们在湖北省的此类旅游资源中都占有相当重要的地位。在开发过程中一定要突出它们的优势，开发成“拳头产品”，打向市场。它的主导旅游产品应该以生态旅游、休闲度假游和游览观光为主，而生态旅游是全球的旅游时尚，是最具生命力的旅游产品，市场前景广阔；另外，随着国人经济条件的不断改善，闲暇时间的逐渐增多，以休闲度假、游览观光为主的旅游项目也会大幅度一增加。因此，英山的主导旅游产品也要顺应时代发展潮流，才能赢得市场。

3. 政府重视旅游业

中共英山县委和英山县政府也很重视本县的旅游开发，希望把旅游业发展成为本县经济新的增长点，并且成立了专门的领导机构，积极进行旅游开发。这样有利于在政策、建设资金和促销经费等方面给予大力支持，为英山的旅游开发提供了一个良好的内、外部环境。

4. 社会经济基础较好

英山县的社会经济条件已具备了较好的基础。2006 年全年生产总值 206529 万元(2005 年可比价，下同)，增长 11.2%，提高 1.3 个百分点。其中，第一产业增加值 93069 万元，增长 6.0%，提高 2.6 个百分点；第二产业增加值 44398 万元，增长 15.7%，提高 1.0 个百分点；第三产业增加值 69062 万元，增长 16.0%，提高 2.6 个百分点；人均现价英山生产总值达到 5992 元，增加 820 元。2007 年全县全口径财政收入比上年增长 40.25%，增幅居黄冈市各区县首位；国民生产总值、财政收入保持两位数增长，居黄冈市数区县第二；规模以上工业增加值可比价发展速度达到 51.5%，居黄冈市数区县第一。从这些数据可以看出，英山县已具备了较好的社会经济条件，为旅游业的开发、建设、经营及管理等各方面提供了坚实的经济保障。

(二)旅游资源开发劣势分析

1. 旅游资源处于粗放开发阶段

由于英山旅游业还处于起步阶段，所以对旅游资源的开发还处于比较落后的粗放式开发阶段。例如，英山县范围内的温泉旅游资源用于体育、旅游、医疗、服务等方面的仅占总用水量的14.9%，基本上没有得到旅游方面的全面开发；还有“天堂寨”、龙潭峡谷、羊角尖等山地旅游资源以及毕升陵墓、纪念馆等人文旅游资源，开发也很粗糙，没有经过精雕细琢。

2. 基础设施建设落后

英山旅游业的基础设施，从目前的情况来看，邮政通信、电力设施尚可。存在较大问题的是交通，特别是县域内景区之间的交通和景区内部交通建设，包括停车场、步游道、道路设施的建设等都还存在一些尚待解决的问题。例如，目前登“天堂寨”主峰的步游道基本上还是原始自然小路，这很影响游客的登山活动。据调查，目前到达南武当山景区的游客只有1/3的人登顶。环境卫生设施的厕所、垃圾处理场、污水处理场等也明显达不到旅游开发的要求。桃花冲的“十里桃花溪”居然一个公共厕所也没有，这不仅不能满足游客的需求，还影响到游客对风景的观赏。因此，要实现英山旅游业的快速发展必须加强基础设施的建设。

3. 旅游营销不力

旅游营销能够有效地促进旅游目的地和旅游者之间的信息沟通，从而获得较大的市场认知。英山目前的营销主要存在以下的问题：第一，营销渠道较窄，主要集中在旅游分销商方面，而在大众媒体、户外媒体和专业媒体等方面的宣传很少：第二，基本上是各景区自主经营、各自宣传的形式，没有把英山县的资源进行整合，形成“拳头产品”，整体向外集体营销。所以，英山的旅游营销不力，影响景区的知名度的传扬。

4. 旅游服务水平较低

英山目前的旅游服务水平较低，主要表现各景区基本没有正式导游人员或讲解员；在住宿、餐饮等服务方面，服务人员的服务意识差、服务水平低，综合素质有待于进一步提高等等。一般说来，旅游服务质量的好坏是影响旅游者经历的最重要因素之一，再好的旅游资源，如果因为景区提供的服务质量差，也会让游客感到索然无味。因此，努力提高服务人员的素质，提升服务质量，是英山旅游业中值得注意的问题。

（三）旅游资源开发机会分析

1. 世界旅游业的发展趋势

“和平”与“发展”是当今世界的主题。随着全球政治环境的稳定，经济水平的提高，人们的生活方式和消费需求也随之发生很大的改变。提高生活质量、享受大自然、陶冶情操、追求精神愉悦是人们的必然选择。旅游业能够为人们提供这些方面的享受，因此，这个行业在全球得到了迅猛发展。目前，据统计全球旅游收入已占全球商品出口的8%以上，占全球服务贸易的三分之一，旅游业已超过石油和汽车工业，成为世界第一大产业。世界各国和各地区都非常重视旅游业的发展，都把旅游业作为第三产业的“龙头”、作为新兴的支柱产业。旅游业已经成为当今世界经济发展的“主旋律”。

2. 英山旅游在湖北旅游中所处的地位

英山山川秀丽，人杰地灵，自然景观异彩纷呈，文化史迹沉淀丰富，资源组合条件良好，旅游业极具市场发展潜力。特别是其“生态旅游资源”、“温泉旅游资源”、“红色旅游资源”、“毕升故里”，“南武当文化”以及茶叶旅游商品在湖北省乃至在全中国都有一定的地位。国家旅游局确立“大别山生态旅游区”为国家级生态旅游发展重点，其中就包括英山；英山“茶叶节”及“茶之旅”活动月也被该局定为“神州世纪游——中国各地节庆线路”的一个项目景点；该局连续几年拨付各项旅游资金共计1000多万元，用于英山旅游基础设施的建设。湖北省旅游局也将英山县定为“鄂东旅游业的支撑点，‘大武汉’的后花园”；确立英山“茶叶节”为全省旅游十大节庆活动之一；将英山的湖北民间艺术游首发式列为全省十五大旅游活动之首；命名英山县石头咀镇为“湖北省旅游明星乡镇”；命名英山县为“湖北省先进旅游县”。这些都充分说明英山旅游在湖北省旅游中有较重要的地位。

3. 大型事件对英山旅游的影响

大型事件活动由于集中了大量的大众媒体的宣传报道，能迅速提升举办地的知名度和美誉度，因而成为重要的旅游吸引物，也日益成为各地发展旅游业，振奋旅游经济的重要方式，对举办地具有深远的经济意义和社会意义。例如 2002 年足球项目的世界杯期间，就有 2000 多个旅游团赴韩国和日本观看足球比赛。还例如 1992 年的巴塞罗那奥林匹克运动会：在“奥运会”之前，巴塞罗那的旅游业收入只占到 GDP 的 1％－2％；而在 1994 年巴塞罗那入境游客增加了 4.25％，到 2002 年其接待游客人次增加了 500％；1992 年前巴塞罗那在世界旅游组织旅游目的地排名是 16 位，到 1993 年已经跃居到第 3 位。可见大规模的基础设施改善以及由于“奥运会”这样的大型活动使该城成为世界注目的焦点，也为其旅游业做出了巨大贡献。

湖北省位于中国中部，交通发达，具有优良的地理区位优势；同时区内旅游资源丰富，有举世瞩目的“长江三峡”、全球最大的水利枢纽工程——“三峡工程”、号称“世界第八大奇迹”的湖北随州曾侯乙墓编钟、联合国“人与生物圈保护计划”成员——神农架、“世界文化遗产”中国道教文化之宝地——武当山等等世界级的旅游资源；随着湖北省经济的不断提高，旅游业也得到迅猛发展，旅游基础设施的建设、旅游从业人员的素质、旅游行业管理水平、旅游服务质量等都得到不断提高。英山是湖北省东部旅游的重要支撑，也要根据自身的资源特色，抓住周边地区举行大型活动的机遇，吸引到湖北的游客来英山旅游。针对外国游客主要对中国的历史文化类旅游资源感兴趣，因此英山在旅游宣传方面，应加强“毕升故里，茶丝之乡，武术之林，太极之源”的旅游形象的宣传，特别是对日本、韩国等国的宣传，以此为突破口来带动英山生态旅游、温泉旅游、红色旅游等的发展。

4. 武英高速公路的修建对英山旅游的带动作用

武汉至英山高速公路于 2009 年 8 月正式通车，使英山至武汉中心城区的东部只有一个半小时车程。这不仅为英山的旅游融入以“特大城市”武汉为中心的“武汉城市圈”之内，而且武英高速公路还是武合（武汉至合肥）高速公路的一部分，以后随着全线的贯通，把英山和安徽、江苏、上海等东部地区紧密联系起来，为英山开拓东部旅游市场创造了条件。另外，武英高速公路还可以和武汉的天河国际机场、浠水的京九铁路车站实行交通的对接，为英山旅游融入全国范围提供良好的基础。

5. 抓住区域旅游联合发展的机遇

目前，全国各地都在开发旅游资源，为了避免重复开发、各自为政的局面，区域旅游的合作开发已经成为区域旅游发展的明智选择。因此，英山县在旅游开发时一定要抓住区域旅游联合开发的机遇，与周边景区联合发展。例如，与相邻的罗田、红安等县联合开发大别山生态旅游、红色旅游等，并且联合进行宣传与经营，形成大别山湖北精华游旅游线路，从而带动整个周边地区或鄂东南旅游业及地方社会经济的全面发展。

(四)旅游资源开发不利因素的分析

由于英山属于大别山区的一部分，所以其旅游资源与大别山其他地区的资源相同或相近，而同类旅游资源在空间上具有相互排斥的作用。所以与相邻地区同类旅游产品的空间竞争已成为英山旅游发展最主要的不利因素之一。例如，英山的“天堂寨”，从罗田和安徽的金寨都可以到达，成为三个县共同的景点，游客到底愿意从哪个地方上去，是无法控制的。另外，从山地景观来说，除了“天堂寨”，还有罗田的薄刀峰、红安的天台山等同类旅游产品，因而存在空间竞争问题。从“红色旅游资源”来看，红安的七里坪、大悟宣化店、罗田的胜利烈士陵园以及英山的烈士陵园等也存在空间竞争问题。还有英山的温泉资源虽然在大别山地区是最好的，但在湖北省范围以及邻近的江西庐山也存在一定的竞争。对于这些不利因素的克服，最好的办法就是在旅游资源开发过程中突出特色，设计创新项目。只有这样才能击败竞争对手，处于有利地位。

第四节　英山县旅游市场分析

一　客源市场现状分析

(一)客源规模

根据英山统计年鉴资料，英山旅游业发展情况详见表10-9。

表 10-9 英山旅游业发展情况

Table 10-9 Development of tourism in yingshan

年份	接待人数（万人次）	旅游综合收入（万元）	人均花费（元）	接待量较上年增长率	旅游综合和收入增长率
2004 年	15.5	3608	233	13.97%	15.4%
2005 年	17.9	3973	222	15.5%	10.1%
2006 年	19.1	12000	628	6.7%	200%

虽然英山与自身以往相比，旅游业增长幅度较大，但是与周边县区相比还有一段差距，其资源优势和区位优势都没有得到充分发挥。所以，英山由于旅游起步晚，旅游接待人数、旅游收入总量水平也就较低。另外从它的旅游综合收入增长速度要慢于旅游人数增长速度来看，也说明了英山县旅游产业链的相关产业如食、住、行、购物、娱乐等没有得到全面发展，因此，进一步加强对旅游资源的深层次的开发，加大对目标市场的宣传营销，改善基础设施条件等等，是英山旅游以后更需要注意的方面。

(二)客源结构

客源结构分为国内旅游者和国际旅游者两大类。英山的现有客源主要是国内旅游者，国际旅游者所占的比例极低。这主要是因为英山旅游开发还处于创始初级阶段且对外宣传力度不够等。随着英山旅游的进一步发展，必将迎来众多的国际游客。下面对英山现有的客源结构的分析主要集中于国内旅游者。

1. 游客来源

英山的旅游者主要是英山县本地、湖北本省的城镇居民游客，同时，农民出游的比重也在不断增加，而且会随着“城市化”进程的加快而增多。具体的以英山县城关居民及周边相邻的大、中城市，如武汉市、鄂州市、黄石市等为主。外省游客以安徽、河南相邻的地区为主。这些都符合处于开创初期旅游目的地的客源以本地、本省为主的结构特点。

2. 职业

据调查，来英山的旅游者大都为企事业管理人员、政府工作人员、专业技术人员、教育工作者等等，还有一部分为学生、农民、个体经营者、离退休人员等。

3. 性别和年龄构成

英山的游客以青壮年的男性居多。其中男性游客占70%，女性游客占30%。15—24岁的青少年段游客占30%，25—44岁的青壮年占35%，45—64岁的中老年段游客占35%。

此外，从国内游客逗留的时间来看，平均逗留时间为1—2天，停留时间较长的游客依次是探亲访友型、文化交流型和商务会议型，而观光游览型游客一般停留的时间较短。

（三）旅游消费构成

根据对英山游客的调查发现，到英山的游客，平均每人消费大约300元左右。与全省国内旅游人均消费609元相比，还是比较低的。在所有的花费中，用于旅游、购物、娱乐等各项的花费比例大约分别为40%、40%、20%左右。这也说明来英山的游客对英山的旅游资源感兴趣，一般都会去游览观光；也充分反映了英山的土特产品和其他商品对游客具有较大的吸引力，而旅游商品的进一步开发有很大的潜力。显然，英山的旅游商品和旅游资源，对已经进入英山的游客，还是具吸引力的，这也是英山发展旅游业的优势之一。

（四）季节变化

根据英山的气候特点及旅游统计资料显示，与全国多数旅游区一样，英山的旅游旺季是每年的5月至10月，11月至次年4月为淡季。

二　客源市场细分及定位

（一）客源市场细分

在现代旅游市场竞争激烈的情况下，任何一个旅游目的地都没有实力和精力面向整个国际、国内市场，满足所有旅游消费者的需求。因此，有必要根据消费者的年龄、性别、收入、时间、居住地、兴趣爱好、旅游愿望等的不同，将旅游消费者市场细分为几个群体，把需求基本相同的旅游者群看成一个整体的市场。进行市场细分，不仅能满足旅游者的不同需求，还有利于开展旅游营销，发现市场机会，扩大客源市场。英山也要根据自己的资源优势以及对比相邻地区的资源情况，正确的选择细分市场。这里先将英山的客源市场划分为国内客源市场和国际客源市场，然后在此基础上进一步细分。

1. 国内客源市场细分

(1)按地理位置细分

●一级客源市场：指以英山县城为中心，半径为200公里的市场范围，该区域包括本省的武汉、鄂州、黄冈、黄石，邻省的九江、合肥、安庆、六安等大中城市的客源，这是英山最主要的客源市场，所占全部客源市场的比例最大。

●二级客源市场：指以英山县城为中心，半径为400公里的市场范围，该区域包括南昌、景德镇、南京、芜湖、马鞍山、铜陵、蚌埠、南阳、襄樊、宜昌、沙市、长沙、岳阳等省内、国内邻近的重要的城市及地区的客源，具有较大的市场潜力。这部分客源市场所占的比例，将随着英山旅游资源的深度开发而得到较快提升。

●三级客源市场：指距离英山县城400公里以外的地区。他们虽然是英山旅游客源的边缘市场，但仍然不可忽视，可作为远期市场的开拓范围。

(2)按出游动机和目的细分

●生态旅游市场：主要由希望欣赏大别山自然风光、享受"绿色"生态环境、呼吸新鲜空气、获取生态学知识的潜在旅游者组成的客源市场。

●"红色旅游市场"：主要由希望了解大别山的革命历史、接受"红色教育"、缅怀革命先烈、学习不怕苦、不怕累的革命精神的旅游者组成。

●休闲度假旅游市场：主要由希望对英山的山、水、温泉、环境、气候有消费需求，并且准备在此休闲度假的旅游者组成。

●商务会议旅游市场：主要由希望在英山舒适的环境中举办各种会议、进行商务洽谈的行政机关、企事业单位及其参与者组成的客源市场。

●科考旅游市场：主要由对英山的历史文化、民俗风情、人物事件；对大别山的地质、地貌、气候、水文、动植物资源等感兴趣的进行科学考察的研究人员、大中专院校的师生等组成的客源市场。

●体育旅游市场：主要由对英山的登山、攀岩、骑车、徒步旅行、漂流等感兴趣并有需求的潜在旅游者组成。

●探险旅游市场：主要由对山地、丛林、河流、洞穴、积雪等感兴趣并愿意展开各种探险活动的潜在旅游者组成。

(3)按出游组织方式细分

●团体旅游市场：由某一个单位或一个团体，或由旅行社组团，集体到英山来旅游的旅游消费者团体。

●散客旅游市场：由希望单个、分散地来英山旅游的消费者组成，一般以家庭组织的自驾游、学生组成的"背包族"等形式出现的较多。

(4)按经济能力细分，可分为大众旅游市场(具有中、低等收入的旅游者)和高端旅游市场(具有较高收入的富裕阶层人员)。

(5)按旅游者年龄细分，可分为青少年及学生旅游市场、中壮年旅游市场和"银发"(老年人)旅游市场。

2. 国际客源市场细分

(1)按地理位置细分

●一级客源市场：主要由港澳台、东亚及东南亚的潜在旅游者组成。不仅是因为该区域范围距离英山较近，另外还因为这里是活字印刷术的发明者——毕升的故里，对于他们有较强的吸引力。

●二级客源市场：主要由西欧、北美发达国家的潜在旅游者组成，这与世界客源市场的主要产出地是一致的。

●三级客源市场：由其他国家或地区的潜在旅游者组成。

(2)按旅游动机和目的细分

虽然无论从目前来看还是从长远看，外国游客都不是英山游客的主体。但根据外国游客对中国的历史文化、自然资源及其茶叶、丝绸等旅游商品感兴趣，以及外国游客的性格特点来看，英山旅游市场按动机主要有科考旅游市场、探险旅游市场、体育旅游市场和商务旅游市场等几种。

(二)目标市场定位

1. 目标市场定位原则

在客源市场细分的基础上，英山应以所据的资源和产品优势，对市场进行定位，以确定和选择目标客源市场，然后，既充分满足特定市场的旅游者的消费需求，也使自己在激烈的竞争中处于有利位置。在对英山旅游客源目标市场定位时，必须遵循联系实际能力、考虑市场需求、注重经济效益的三大原则。

2. 影响英山客源目标市场的因素分析

对英山客源目标市场进行定位必须考虑以下因素的影响:

(1)考虑竞争者的影响。由于同类旅游资源或产品在空间上相互排斥,而异类旅游资源或产品在空间上相互补充和吸引。所以英山在进行目标市场定位时,一定要考虑与周边同类产品的竞争关系。这就要求在项目建设时,一定要突出特色,以增强对客源市场的吸引力。

(2)考虑世界旅游的发展趋势。随着旅游业的更进一步发展,旅游市场日趋细化,市场开发更趋专门化和各具特色。这就要求各地依据自己的旅游资源,开发出各具特色的旅游产品,来满足人们的旅游需求。例如由于人们对环境问题的逐渐关注,生态旅游得到发展;由于对"后代人"进行"革命传统教育","红色旅游"成为时代潮流;由于生活条件的提高,休闲度假游成为生活的必需。但是随着旅游业的更进一步发展,无论哪种类型的旅游最终都有可能被文化旅游所替代。这就要求人们有长远的眼光,要不断增强旅游产品的文化内涵,这样才符合时代发展的趋势,也才能在激烈的目标市场竞争中处于优势地位。

3. 英山客源目标市场的定位

(1)从客源市场的地理位置来看,首先应以国内游客为主,争取东亚、东南亚部分国际游客。国内市场应定位于一级和二级市场。因为一级市场距离英山较近,交通方便,费用不高;二级市场的城市居民整体经济水平较高,出游率也较高,具有很大的市场潜力。远期随着英山旅游发展进入成熟阶段,可以吸引全国所有经济发达的大、中、小城市居民,吸引高消费客源。

(2)从旅游动机与目的来看,近期应定位于温泉旅游、生态旅游、"红色旅游",中远期可定位于休闲度假游、体育旅游、商务会议旅游等,同时注意开拓科考旅游、探险旅游等专项旅游产品。

(3)从组织方式来看,应定位于团体旅游为主,散客旅游为辅,两者结合发展。因为团队旅游具有规模经济效应,而又由于距离武汉等大城市较近,高速公路建成后,"自驾游"、"背包族"可能大幅度增长,从而促进散客市场的发展。因此要两者兼顾发展。

(4)从客源人口特征来看，经济上应定位于中上收入阶层的客源市场；年龄上主要定位于中青年客源市场，同时考虑“银发”(老年人)客源市场和青少年客源市场的需求。

第五节　英山县旅游产品开发

一　英山旅游产品开发现状

目前英山旅游产品开发处于初级阶段，其开发的产品主要以资源导向为主，就资源论产品。产品粗糙，是一种较为粗放性的产品开发。产品以生态观光为主，参与式的只有水上漂流运动项目。因此，需通过进一步挖掘资源，细分客源市场，增加产品种类和内涵，把英山的旅游产品逐渐培育为综合型、多层次、系列化的并对游客具有吸引力的高产出品牌，从而产生较好的市场效应。

二　旅游产品开发原则

- 立足本区资源特色，全力塑造旅游精品；
- 放眼区域旅游发展，实现旅游优势互补；
- 根据市场需求变化，促进产品升级换代；
- 保护景区生态环境，坚持可持续发展的。

三　英山旅游产品规划

开发英山旅游产品，应定位在以生态旅游、温泉旅游产品为“龙头”，以对生态系统干扰不太严重的专项旅游产品相配套，分期推出观光、避暑、度假、疗养、保健、会议、科考、登山、游泳、跳水、漂流、垂钓、攀岩、野营等旅游产品。

(一)生态旅游产品系列

以“探索、求知、求真”为主旨，生态旅游资源为依托，开发英山生态旅游产品系列。

表 10-10 英山县生态旅游产品系列

Table 10-10 Eco-tourism products series in yingshan

产 品	依托景区及活动	主要目标市场	开发时序
徒步登顶游	"天堂寨"	中青年市场	近期
森林生态游	规划区	大众市场	近期
森林沐浴游	规划区	大众市场	近期
野生动物观赏游	规划区	大众市场	近期
野生植物观赏游	规划区	大众市场	近期
运动健身生态游	规划区	大众市场	近期
生态农业观光游	乌云山、龙潭村、凉亭村、东冲河、百丈河、河南畈	专项市场	中期
地质地貌考察游	龙潭峡谷、"天堂寨"	科考专项市场	近期
生态休闲度假游	桃花冲、南武当山	大众市场	近期
桃花溪探源游	桃花冲	中青年市场	中期
英山杜鹃花春光游	桃花冲、南武当山	大众市场	近期
桃花溪桃花观赏游	桃花冲	大众市场	近期
河谷探险游	龙潭河谷、鱼龙河谷等	中青年市场	中期
奇洞探寻游	将军洞、红军洞	中青年市场	中期
英山金秋采风游	规划区	大众市场	近期

(二)温泉旅游产品系列

以"颐养、休闲、保健"为主旨，温泉资源为依托，大力开发休闲度假旅游产品系列。

表 10-11 英山县温泉旅游产品系列

Table 10-11 hot spring-tourism products series in yingshan

产 品	依托景区及活动	主要目标市场	开发时序
温泉度假	温泉城区	大众市场	中远期
温泉跳水游	温泉城区、跳水游泳馆	大众市场	近期
温泉科考游	温泉城区	科考专项市场	近期
温泉休闲游	温泉城区	大众市场	中远期
温泉商务会议	温泉城区	大众市场	中远期
温泉观光游	温泉城区	大众市场	近期

(三)“红色旅游”产品系列

以“求知、教育、陶冶”为主旨，以“红色旅游资源”为依托，开发“红色旅游”产品系列。

表 10-12　英山县“红色旅游”产品系列

Table 10-12　red-tourism products series in yingshan

产　品	依托景区及活动	主要目标市场	开发时序
“红色生态”游	桃花冲	大众市场	近期
“红色农业”游	龙潭河村	大众市场	近期
“革命教育”游	英山烈士陵园	青少年市场	近期
“红色名人”游	刘伯承、邓小平等	大众市场	近期
“革命遗迹”游	雷达站等遗址	大众市场	近期

(四)文化旅游产品系列

以“体验、明智、美德”为主旨，民俗文化旅游为依托，开发民俗文化旅游产品系列。

表 10-13　英山县民俗文化旅游产品系列

Table 10-13　folk culture-tourism products series in yingshan

产　品	依托景区及活动	主要目标市场	开发时序
宗教文化朝拜游	南武当山	大众市场	近期
古建筑文化游	段氏府、陈家祠堂等	大众市场	近期
饮食文化	规划区特色饮食熏腊肉	大众市场	近期
古陵墓文化	毕升墓、金光悌墓等	大众市场	近期
民间文化	缠花、剪贴、泥塑、雕刻	大众市场	中远期
节庆文化	武林大会、茶叶节等活动	相关专项市场	近期
民俗表演	民歌、民俗、民舞表演	大众市场	中远期

(五)运动体验旅游产品系列

以“参与、激情、历险”为主旨，以山、水资源为依托，开发运动体验旅游产品系列。

表 10-14 运动体验旅游产品系列

Table 10-14 soirts-tourism products series in ying shan

产　品	依托景区及活动	主要目标市场	开发时序
漂流运动	龙潭峡谷、毕升峡谷等	大众市场	近期
攀岩项目	吴家山森林公园景区	中青年市场	近期
水上垂钓	张咀水库、占河水库等	中老年市场	近期
水上游艇	张咀水库、占河水库等	大众市场	近期
骑自行车	桃花冲、南武当山	大众市场	近期
登山运动	桃花冲、南武当山	相关专项市场	近期
滑水运动	桃花溪	中青年市场	中期
水上热气球、滑翔机等	张咀水库、占河水库等	中青年市场	中期

(六)娱乐购物旅游产品系列

以“娱乐、购物、享受”为主旨，以民间文化、民俗文化、自然资源等为依托，开发娱乐购物旅游产品系列。

表 10-15 英山县娱乐购物旅游产品系列

Table 10-15 entertainment shopping-tourism products series in ying shan

产　品	依托景区及活动	主要目标市场	开发时序
英山茶叶	规划区	大众市场	近期
蚕丝制品	规划区	大众市场	近期
“绿色”山野菜	规划区	大众市场	近期
板栗	规划区	大众市场	近期
药材	规划区	大众市场	近期
民间手工艺品	规划区	大众市场	近期
木制品	规划区	大众市场	近期
大别山情歌	规划区	大众市场	近期
英山小调	规划区	大众市场	近期
英山民间舞蹈	规划区	大众市场	近期

第六节 英山县旅游线路设计

一 旅游线路设计原则

● 市场导向原则。旅游线路设计关键是适应旅游市场需求，即最大限度的满足旅游者需要。其基本出发点是以最少的旅游时间和旅游消费比来获取最大的有效信息量与旅游享受。

● 突出主体原则。每一条旅游线路应具有自己独有的特色，以形成鲜明的主题。

● 游程环行设计原则。旅游线路应由尽可能丰富的旅游点串联而成环行回路，以避免往返路途重复。

● 合理搭配原则。应必须充分考虑旅游者的心理和体力、精力状况，并据此安排其结构顺序与节奏。

● 机动灵活原则。在线路设计时，不宜将日程安排的过于紧张，应留有一定的余地。

二 英山旅游线路规划

（一）县域内旅游线路

1. 专项旅游线路

表 10-16 英山专项游线谱

Table 10-16 Yingshan special tour line spectrum

线路名称	主要内容
名人文化旅游线	温泉镇——丝茅岭度假村——东冲河村——五一中心茶场——毕升墓——占河水库——洞穴漂流——桃花女—— 红二十八军医院旧址——大竹园会议遗址——十里桃花溪——小岐岭——楚长城——张体学纪念碑
名山生态旅游线	温泉镇——金光悌之幕——羊角尖——龙潭河村——红二十七军组建地——凉亭村——毛公山——张咀水库——五峰山——玉皇庙——栗树咀文化民俗村——龙潭峡谷——峡谷漂流——石鼓庙——鸡心石——挂天瀑——古龙松——“天堂寨”——武圣宫
名泉度假旅游线	丝茅岭度假村——乌云山茶叶公园——温泉疗养院——温泉跳水馆——鸡鸣山——英山烈士陵园——长冲茶场——白莲湖水库——桃花岛——白羊山——百丈河村

2. 综合旅游线路

表 10-17　英山综合游线谱

Table 10-17　Yingshan comprehensive tour line spectrum

县域内旅游线路	主要内容	
一日游旅游线路	英山至南武当山景区	英山县城——游武圣宫——挂天瀑——石鼓庙——南武当山接待中心午餐——游龙潭峡谷——游栗树咀民俗文化村——返回
		英山县城——游武圣宫——挂天瀑——石鼓庙——南武当山接待中心午餐——龙潭峡谷漂流——游栗树咀民俗文化村——返回
	英山至桃花冲景区	英山县城——游毕升陵园——登楚长城——游小岐岭——桃花冲接待中心午餐——游十里桃花溪——返回
		英山县城——游毕升陵园——游十里桃花溪——桃花冲接待中心午餐——毕升峡谷或洞穴漂流——返回
二日游旅游线路	英山至桃花冲景区	第一天：英山县城——温泉沐浴——游十里桃花溪——宿桃花冲并参加篝火晚会 第二天：登楚长城——观日出——洞穴漂流——游毕升陵园——游乌云山茶叶公园或毕升森林公园——返回
	英山至南武当山景区	第一天：英山县城——温泉沐浴——参观民俗文化村——游龙潭峡谷——宿南武当山并参加篝火晚会 第二天：登“天堂寨”主峰（乘索道）——游武圣宫——游乌云山茶叶公园或毕升森林公园——返回

（二）跨区域旅游线路

规划区跨区域旅游线路的组织，可以从三个层次去考虑：从周边旅游地来看，实现黄冈市内旅游线路的对接；从湖北省范围来看，实现湖北省内旅游线路的对接；从中部地区来看，实现中部五省旅游线路联合对接。下面，就从这三个方面规划设计旅游线路。

1. 大别山区域内旅游线路

生态旅游线路：天台山——薄刀峰——天堂湖——“天堂寨”——南武当山——龙潭河谷——五峰山——桃花冲——英山温泉——三角山。

“红色旅游”线路：大悟宣化店——红安七里坪革命旧址——麻

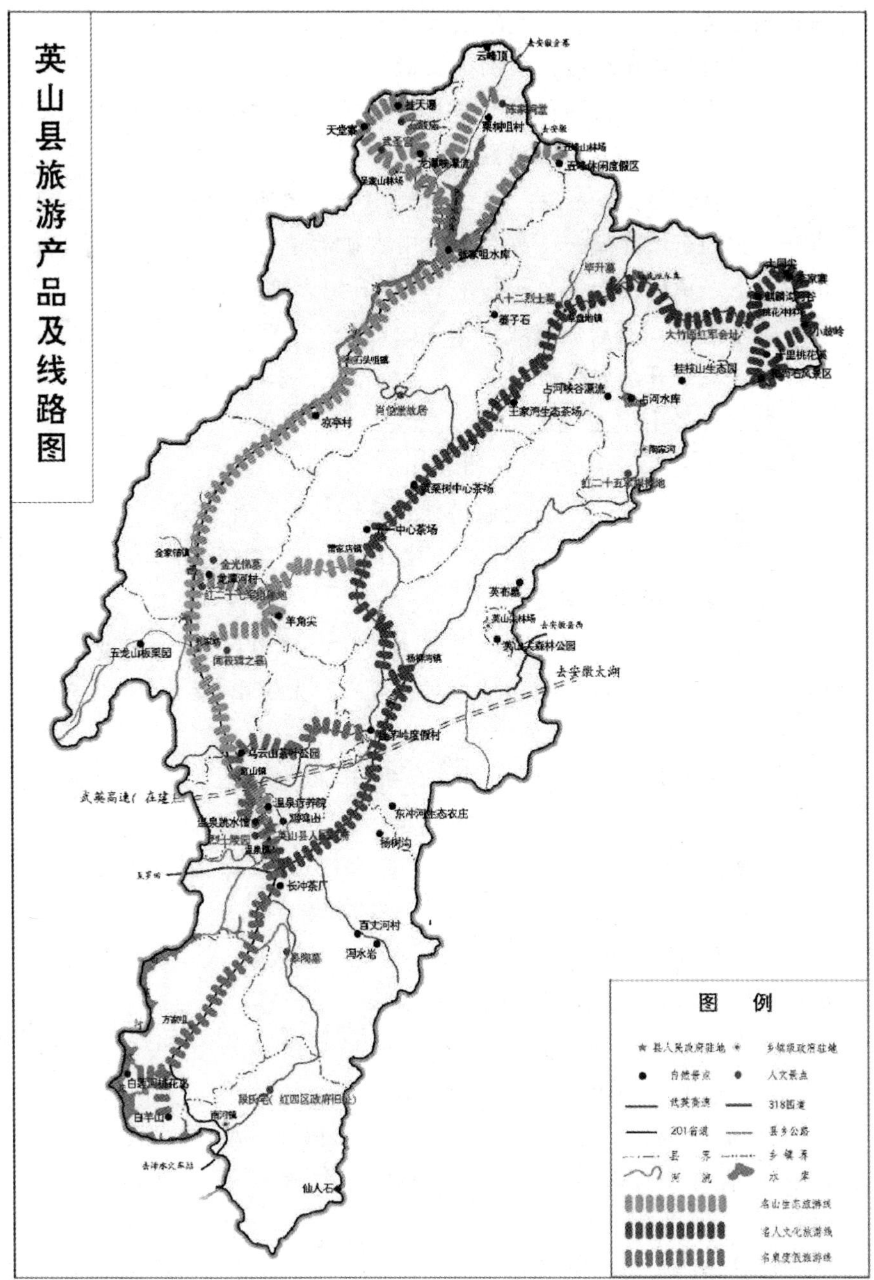

图 10-3　英山县旅游产品及线路图

Fig 10-3　Yingshan tourism products and roadmap

城市烈士陵园——大别山革命纪念碑——英山革命烈士陵园。

地质科考旅游线路：大别山安徽段花岗岩、火山岩地貌——英山温泉、水库——古冲积扇——白马尖——“天堂寨”——薄刀峰。

2. 湖北省区域内旅游线路

鄂东南名胜古迹游：武汉黄鹤楼——鄂州吴王城、古灵泉寺——黄冈东坡赤壁——黄石铜绿山古矿冶遗址、东方寺——李时珍故居——黄梅四祖寺、五祖寺——毕升纪念馆、武圣宫。

鄂东南名人故居旅游线：李先念故居——董必武故居——陈潭秋故居——毕升纪念馆——闻一多纪念馆——李时珍纪念馆

湖北省名山旅游线路：长江三峡——神农架——武当山——大洪山——大别山(英山段)——九宫山。

湖北省“一江三山”黄金旅游线：武当山——神农架——长江三峡——宜昌——沙市——武汉——黄石——大别山(英山段)。

3. 中部地区旅游线路

湖南至湖北：长沙市——岳阳楼(以上湖南段)——赤壁古战场——黄石铜绿山古矿冶遗址、东方寺——大别山(英山段)——英山温泉。

江西至湖北：南昌——庐山——九江(以上江西段)——黄梅五祖寺——李时珍纪念馆——大别山(英山段)——英山温泉。

安徽至湖北：合肥——六安——金寨(以上安徽段)——大别山(英山段)——英山温泉。

江苏至湖北：南京(江苏段)——合肥——六安——金寨(以上安徽段)——大别山(英山段)——英山温泉。

河南至湖北：郑州——信阳(以上河南段)——武汉——黄石——大别山(英山段)——英山温泉。

上海至湖北：上海——苏州——无锡——南京(以上江苏段)——合肥——六安——金寨(以上安徽段)——大别山(英山段)——英山温泉。

重庆至湖北：重庆——长江三峡——宜昌——沙市——武汉——英山温泉。

第七节　英山县文化遗产保护

一　文化遗产概述

(一)文化遗产概念及体系

根据联合国教科文组织(UNESC)的定义，文化遗产分为非物质文化遗产和物质文化遗产。非物质文化遗产是指被各群体、团体或个人所视为其文化遗产的各种实践、表演、表现形式、知识体系和技能及其有关的工具、实物、工艺品和文化场所，而物质文化遗产包括文化遗产，自然遗产和文化景观及其他。其中文化遗产包括具有突出或普遍价值的建筑物、雕刻、绘画、铭文、洞穴、住区及各类综合体文物、建筑群和遗址等；自然遗产是指那些具有突出或普遍价值的地质结构、生物结构、自然地理结构、物种生态区、天然名胜、自然地带等；文化景观及其他被称为是“自然与人类的共同作品”——文化景观应基于它们自身的突出、普遍的价值，其明确划定的地理与文化区域的代表性及其体现此类区域的基本而具有独特文化因素的能力等内容。

(二)文化遗产保护与开发原则

文化遗产是先人留给后代的宝贵的精神物质财富，是人类发展历史中智慧的结晶。切实保护文化遗产，合理开发文化遗产，不仅仅可以更好地挖掘提升文化遗产内涵的精神财富，促进人类文明的发展进步，同时也符合人类社会可持续发展的要求。

(1)坚持可持续发展战略，实行保护先行的开发原则

文化遗产一般都具有较高的科学价值、美学价值、历史文化价值等，但同时这些资源又都具有脆弱性，易遭到破坏，破坏后无法恢复的不可逆性。因此，在规划设计时首先考虑的是各种资源的保护措施，保证在不影响其长存性的基础进行合理的开发。

(2)加强立法和执法，对文化遗产区别对待，分类保护

对于遗产资源的开发，各个地区需要根据自身的经济发展水平，自然气候环境，相应制定适合本地区遗产保护的法律措施，通过法

律手段对不同类别的遗产区分对待，更好的保护文化遗产。

(3)以维护生态平衡为基础，坚持文化遗产开发整体性原则

自然生态环境是文化遗产保护和开发的基础，同时也是旅游事业发展的基石。没有良好的生态环境就没有良好的自然风景和较高的旅游价值，文化遗产的内涵精神价值就无法体现。文化遗产的开发首先要符合该地区旅游事业，经济可持续发展的整体要求；同时文化遗产的整体性开发可以提升旅游地区整体的历史文化氛围，打造旅游品牌，促进旅游地的自然、社会、经济效益达到最完美的统一。

(4)文化遗产的开发要突出特色和个性

旅游景区品位的高低直接决定于其资源的价值，而资源的价值主要在于开发是否有特色。人无我有，人有我优，人优我特，只有形成自己的个性特色，才能吸引大量游客。

二　文化遗产保护现状

英山县从始建至今已有七百余年的历史，境内的物质遗产和非物质遗产丰富，其中古文化遗址 45 处，古墓葬 24 处，古建筑 7 处，古石刻 6 处，中国工农革命时期的革命遗址以及大别山地区特有的民俗民歌。主要分布情况如下：

南河线：新石器时期古文化遗址、英山首任县令段朝立之墓、清代建筑段氏府、灵芝桥；

西河线：新石器时期古文化遗址、古代时刻“乌云寺记”、陈氏祠、卫氏祠；

东河线：毕升墓、胡氏祠、陶河村清代民居；

“革命遗址”：“三·二”暴动遗址、陶河红二十五军长征出发地、金铺红二十七军组建地、鸡鸣河红二十四军会议遗址、草盘八十二烈十墓、县烈士陵园等；

英山县虽然拥有比较丰富的文化遗产，但是在现状保护方面还存在诸多的问题：

(1)古代建筑保护不容乐观。段氏府，卫氏祠等旧建筑已经严重损坏，内部建构腐坏严重，日渐衰弱，建成的一百多年来缺少必要维修保护；

(2)一些古墓葬保护不利，时有盗墓现象发生；一些名人故居缺乏维护，随时可能坍塌或者遭到房地产开发等的拆迁；

(3)“革命遗址”保护不利，遗址周边环境不断恶化；

(4)流散民间的文物较多，文物贩卖流失严重，政府管理缺乏力度；

(5)流传民间的非物质文化遗产缺乏统一的整理和升华，导致一些精神文化遗产处于消亡的边缘。

三　文化遗产保护的规划与实施

(一)保护内容

● 景观构成的骨架要素。即决定各级文物点景观风貌的自然和人工的基本要素，包括各级文物点周边自然山体、水系、文物点总体布局以及文物点周围的农田、林地等环境因素。这类景观是一种眺望型景观，是对地域环境特征的形象反应，是外在形象的直接表达。

● 景观构成的特征要素。即指构成文物点景观的物质要素和人文要素中，具有共同性的特征要素，是由一定时期建筑形式、建筑材料、建筑色彩所表达出相似或相近的历史符号，以及特定地域内地方生活习俗和人文活动方式而组成。

● 景观构成的景质要素。指构成景观的一切物质要素，包括不同文物点所在地区和历史时期的相应景观环境内的一切设施，如铺地、门窗形式、格栅、墙壁装饰、市政环卫设施、小品、雕塑等等。英山县文化遗产保护内容详见表 10-18。

表 10-18　英山县文化遗产保护内容一览表

文化遗产类型	保护优先点	保护对象
古文化遗址	鸠鹚古邑	1. 古城所根植的自然环境对象：(1)城市及其郊区的重要地形；(2)古树名木；(3)风景点 2. 古城独特的形态对象：(1)历史形成的古城格局，包括古城的平面形状、方位；(2)具有历史文化价值和利用价值的民居、街区 3. 古城内的文物古迹点 4. 古城内的人文因素
古墓葬	傅说墓、毕升墓、毕文忠墓、金光悌墓、八十二烈士墓等	1. 墓(群)的自然环境 对象：墓(群)的重要地形、景观植被 2. 墓(群)的空间形态 对象：(1)墓(群)的空间格局，包括其平面形状、方位；(2)墓(群)原有封土堆不被人为破坏
古建筑	段氏府、李公桥	1. 建筑完整的木结构体系对象：(1)建筑的外观造型包括坡面曲线的屋顶、房檐；(2)恢复古建筑内的内外装饰 2. 严整多样的群体布局 3. 建筑周边的自然环境
"革命遗址"及"革命纪念"建筑物	羊角尖会议会址、鸡鸣河会议会址、红山中心县苏维埃旧址、大竹园会议遗址、红28军医院旧址、雷达站遗址、蔡家畈山头药店、红山中心县兵工厂	1. 旧址原有的砖木结构建筑 2. 旧址周边的自然环境 3. 撤出现有居民对旧址的占用 4. 原有革命活动留下的文字、实物资料
民间演艺	小调、山歌、田歌、灯歌、牌子锣鼓、高跷、打莲湘、采莲船、蚌壳精、舞龙灯、采茶戏、赶柳戏、英山黄梅戏、英山花鼓、渔鼓道情、北调花鼓、南调花鼓	1. 以政府为主导，利用多种渠道与方法对英山县境内的非物质文化遗产进行保护和开发 2. 利用和传承非物质文化遗产，形成大别山区特有的非物质文化遗产旅游特色，打造英山县旅游新亮点

(二)保护措施

文化遗产是人类留给我们的宝贵财富，必须对其进行严格的保护。根据英山县文化遗产保护的内容及现状，建议采取以下保护措施：

第一，加强环保意识，追求生态平衡；

第二，注重文化遗产的继承和发展，注重人文生态的进一步延续；

第三，坚持精品意识，对每一幢建筑，包括每一个装饰小品、每一扇窗、每一片瓦的选择定位都要精益求精；

第四，注重立项建设，维修从严把关；

四　文化遗产维修

英山县的文物古迹众多，由于历史久远，许多文物古迹都需要进行修护和工程保护，而那些需要进行旅游开发的文物古迹点，实施保护工程更是势在必行。多项选择与文物保护工程是文物保护维修工作的一种做法，即在文物保护维修前选择工程立项；立项后选择施工队伍；维修过程中选择付款方式，把文物维修工程纳入规范化、制度化，以确保文物的维修效果。

具体可采取以下步骤：

第一，选择工程立项，统筹维修关；

第二，组成申报维修项目小组，依照《中华人民共和国文物保护法》的规定逐个报批逐个筛选符合申报项目的旧址。

第三，按保养维修、抢险加固、修缮、保护性设施建设、迁移等级别，建立相应档案，进行遴选。实行“正常保养、重点维修、分清缓急”的办法。属正常维修的工程一律不作抢险加固处理，该抢险加固的也不按其他维修申报，做到有计划、有步骤地按序申报。

第四，建立巡查报告制度。旧址的安全情况由专门的检查人员汇总，并做好记录，及时掌握旧址的保护现状，调整文物维修申报计划，保证文物安全。

第五，选择施工队伍，严守质量关。经过招标后相应固定施工单位，定期或不定期对施工人员开展文物维修知识培训，强化文物是不可再生的文化资源观念，使每一位施工人员在施工中牢固树立必须遵守“不改变文物原状”的原则；安排懂行的工作人员同监理单位一同跟踪督查；业务人员轮流值岗，弥补施工队伍中的某些薄弱环节，确保文物保护工程施工过程不走样等，加强工程施工过程中的管理。

第八节　英山县地质遗迹保护

一　地质遗迹概述

地质遗迹是在漫长的地质时期内，由于内外力地质作用形成并保存下来的具有典型特征的地质、地貌景观。地质遗迹不仅是不可再生的自然资源，同时由于其较高的美学价值和特殊的科学研究价值，它还是人类不可多得的精神财富。

英山地处大别山腹地，区内地质遗迹丰富，是国内为数不多的集花岗岩地貌、变质岩地貌、火山岩地貌和丹霞地貌为一体的综合性地区。区内群山耸屹、林海茫茫，主要景点有“天堂寨”、白马尖、大同尖、鸡鸣尖、九龙山、乌云山、羊角尖、皋陶山、文字山、英山尖等；飞瀑流泉，其中挂天瀑、天堂瀑、龙潭飞瀑、龙门瀑、桃花瀑、鸳鸯溪等瀑布最为壮观；峡谷幽深，有龙潭峡谷、毕升峡谷、鱼龙河谷、黑虎河谷、响水河谷、李道河谷等，其中龙潭峡谷，长达5公里，瀑潭连接，巧石、洞穴遍布；地热温泉资源丰富，东汤河、西汤河、南汤河、北汤河、城区中心、杨柳湾、芭茅街、卢家湾等都有大量分布。因此很多人将英山比喻为一座天然的地质博物馆。2009年8月英山被国家正式批准为“大别山(黄冈)国家地质公园”。

二　地质遗迹保护现状

对地质资源破坏的原因，总的来说可以分为两大类，一类是自然作用或自然过程对地质资源的破坏，例如，自然重力作用造成的落石、崩塌，可掩埋部分地质遗迹；由大量降水导致的山洪暴发也容易冲刷破坏地质遗迹等等；还有一类破坏就是人类活动不当而引起的，例如，土地资源的利用、旅游业的发展、矿产资源的开发等等活动，都对地质遗迹资源存有一定的破坏作用。

虽然英山县地质遗迹资源非常丰富，但长期以来，由于自然作用和人类生产生活对地质资源的开发利用，使得部分地质资源遭到破坏。但总的情况看来，破坏程度较小，保护得比较完好。

三 地质遗迹保护应采取的措施

(一)开展资源勘探，进行统筹规划

虽然目前英山有部分地质遗迹的资料，但并不完整、翔实、系统，而且仅有的部分资料也是从旅游的角度去统计的，仅仅查明地质遗迹的存在及其分布，根本不能满足对地质遗迹资源的研究、开发、规划的需求。因此详细查明地质遗迹资源情况，设立相关标准，并将已查明的地质遗迹按照这些标准进行分类、分级，然后根据地质遗迹的类别和级别，规定相应的开发保护措施，只有这样才能为今后的整体规划打下良好的基础，进一步促进地质遗迹的保护和开发。

要做好地质遗迹资源的开发规划，就应坚持开发和保护并存思想，遵循适度有序分层次开发的原则，成立专门的地质公园规划小组或规划委员会，根据区内旅游地质遗迹、周边地质遗迹、生态环境等调查结果及分类、分级标准，编制地质遗迹保护与开发总体规划，筛选出重点地质遗迹并对其加大开发与保护力度。另外，还应该运用地理信息系统、虚拟现实技术、遥感技术等先进技术、方法，借鉴外国先进的规划理念，提高规划质量。

(二)完善管理体制，强化立法监督

建立和完善地质遗迹所在地的管理体制机制。对于地质遗迹、地质公园多头管理问题，应设立相关法律，规定独立部门专门负责地质公园开发建设中存在的问题，而相关的政府机构则应做好协助、监督工作，不再做出有关地质公园的直接决定，也不对其直接负责，避免出现监督主体和管理主体混淆不清、影响法律可操作性的现象。各部门各司其职，使地质公园能在健康的管理机制中获得发展。

在国家尚未颁布正式法律前，保护区内可制定实施相关的地方

性条例和规章制度，制定和严格落实各项保护措施，让现在的地质遗迹保护、地质公园建设有法可依，确保地质遗迹得到长期有效的保护，维护地质遗迹的真实性和完整性。另外，可以根据建设过程中出现的问题，增加新的条款，不断完善相关条例，杜绝类似的问题再次发生。

(三)普及地学知识，加强科研工作

地质资源在开发中遭到破坏是人们都不愿意看到的，但由于多数人都是因为不了解地学知识，在无意中给地质遗迹造成了无法弥补的损失。因此，只有使人们意识到地质资源的不可再生性和保护的重要性，他们才会积极主动参与到对地质资源的保护中来。在日常生活中，通过报刊、杂志、电视、网络等途径普及地质知识。在游览途中，一方面可以通过导游人员的讲解宣传地学知识，另一方面，可以设立宣传地学知识、呼吁对地质遗迹进行保护的宣传栏。在学校通过开展相关课程或活动传播地学知识，使人们从小就认识到地质遗迹的独特性和不可再生性，让他们了解到地学知识的基本知识，自小就树立对自然景观和人文景观的保护意识。

同时，加强地质保护区内基础地质研究和专题研究，例如关于地质遗迹的保护工程研究、地质公园的建设、管理研究、遗迹保护的资金来源研究等专题。这些研究还要与国际接轨与交流，才能创造出世界一流的地学理论和成果，从而更进一步推动地质遗迹资源的保护与地质公园的发展。

(四)重视开发保护，打造优势品牌

地质遗迹是不可再生资源，因此在地质公园开发建设中尤其应该注意对地质遗迹的保护。首先，对于具有重大意义的地质剖面和构造遗迹，在尽量不破坏其原貌的情况下对其进行开发；其次，对于有重要观赏意义和重大科研意义的地质地貌景观，可设立相关标志；再次，对于古生物化石所在地及矿产地，也应相对应的设立相关标志物及指示牌，在开发时也应该分层次、分段，避免过度开发；最后，对于地质灾害遗迹进行开发时更应该注重对其科研价值的开发，开发科研考察线路，发展科研旅游。

英山在树立地质遗迹优势品牌可以从以下几点做起：第一，进一步加强基础设施建设，提高品牌质量。加强环境建设，创造自由和睦的氛围，对于独特的地质遗迹进行适度包装，突出其特色。第二，将文化与景观的融合，赋予景观以文化内涵。有文化内涵的品牌才能成为优势品牌，才能成为长久的品牌。地质公园本身具有很高的文化价值，通过各种媒体渠道对其进行宣传，让地质公园的文化内涵深入人心，才能真正让人们记住这一品牌。第三，运用品牌营销策略，提升综合竞争力。采用差异化定位策略，使英山地质公园品牌与周围地区的区分开来，使其形象更深入人心。第四，在已有品牌上进行延伸，开展趣味性的旅游活动、开发特色旅游线路等，挖掘精品地质旅游目的地，突出其观赏性和科学性、文化内涵，扩大品牌效应，从而打造“大别山湖北英山地质公园”品牌。

第九节　英山县环境资源管理

一　环境资源概况

在本章的第一节里已经介绍了英山县的地形地貌、气象与水文、土壤、生物资源等自然地理环境，本节只就地表水与空气质量这两个最为影响旅游开发甚至人类生活的两方面的环境做一详细介绍。

(一)地表水环境

英山县属长江流域浠水水系，境内多山岭，峡谷纵横，河流较多，水资源丰富。但由于降水时空分布不均，开发利用率不高，正常年份虽有余水，但局部仍缺水。境内共有大小河流 192 条，总长 1300 余公里，主要有东河、西河以及由东河和西河交汇形成的南河三大河流，南河途经白莲河水库汇入长江，全县主要有张家咀、詹家河、红花咀以及白莲河四座水库。地表水平均环境质量良好。县境内地表水平均可达到地面水环境质量标准(GB3838—2002)Ⅱ类功能区水质标准，森林公园内河流保持原始状态，水质达到Ⅰ类功能区标准。

由于英山县境内仍有部分水域河段受工业排放和城镇居民生活废水排放影响，水质下降，其中位于东河下游的县城区域水体污染相对较严重；南河也因此而受到影响；吴家山森林公园和桃花冲森林公园等区域的水系很好地保持了原始状态，几乎无污染。

造成污染的主要原因是沿途工业废水和生活污水未经有效处理便直接或间接排入河流，且大部分污水属超标排放，在各排污口附近形成岸边污染带，对近岸等局部地带水体环境质量造成了一定程度的影响。尤其是在静水区域形成局部富氧化发生。

(二)空气质量环境

英山县内和部分城镇的空气质量基本维持在国家环境空气质量标准(GB3095—1996)二级标准内，旅游景区、景点空气质量为一级标准。整体环境空气质量描述为优。

在城镇地区，影响空气质量的主要因素是地面扬尘及大尺度天气状况，此外冬季取暖期燃煤影响不容忽视。目前，区域内汽车尾气对空气质量的有一定的影响。在独立工矿点，存在工业大气污染，污染严重型工业排放是引起局部大气环境下降的主要因素。

二　英山县环境影响评价与治理现状

(一)旅游区生态环境评价

生态旅游环境影响评价是针对旅游区域内将进行的生态旅游有关活动给环境质量带来的影响而进行的预测和评价。为实现保护与发展的目的，有效地控制旅游对自然环境和生态环境的负面影响，在进行生态旅游开发前必须先进行生态旅游环境影响评价。

根据国家旅游局颁布的《旅游资源分类、调查与评价》(其中的环境评价部分)，以旅游自然生态环境为目标，以大气环境、声环境、水资源、土地资源、生物资源、地质地貌资源五大系统构成一级指标，每个系统由若干要素构成二级指标，这些要素又由若干参数构成三级指标，甚至还有第四级、第五级指标。各级指标的集合便构成指标体系框架。

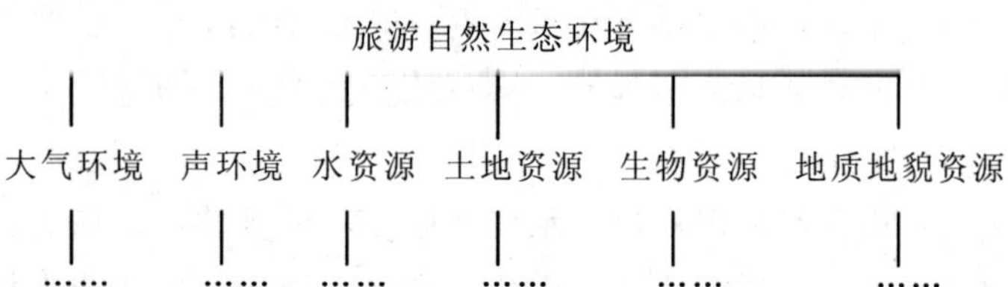

表 10-19　旅游生态环境影响评价评分模型表

Table 10-19　The model of Eco-tourism environmental impact assessment

评价因子		评分等级(分值)			
		10—8	8—6	6—4	4—1
旅游自然生态环境	环境空气	好	较好	一般	不好
	地表水水质	好	较好	一般	不好
	声学环境	好	较好	一般	不好
	植被覆盖率(%)	>95	85～95	75～85	<75
	土壤	好	较好	一般	不好
	水生生物	丰富	较丰富	一般	较少
	水土流失	轻微	较少	较严重	严重
	野生动物（种）	>15	12～15	8～11	<8
	水资源	丰富	较丰富	一般	较少
	土地资源	丰富	较丰富	一般	较少

(二)主要景区环境评价结果

根据上述评价体系，整合英山县吴家山森林公园、南武当山风景区的统计资料，得出如下的评价结果：

表 10-20　英山县主要风景区资源评价(以南武当山风景区为例)

Table 10-20　Yingshan major scenic resource assessmant

(The south Wudang area for example)

评价因子		评价参数或等级	评分	权重值	综合评分
旅游自然生态环境	环境空气	好	9.5	0.124	8.696
	地表水水质	好	9.5	0.107	
	声学环境	好	9	0.083	
	植被覆盖率(%)	95	9.5	0.210	
	土壤	好	9	0.1	
	水生生物	一般	5	0.059	
	水土流失	较少	6.5	0.104	
	野生动物（种）	344 种	10	0.072	
	水资源	丰富	8.5	0.081	
	土地资源	较丰富	8	0.060	

(三)环境治理现状

根据现行的中国环保基本原则，结合英山县的具体情况，首先在《英山县经济和社会发展第十一个五年规划纲要》做好宣传并进行了规划。其次在森林公园内修建了一些基础设施，以防止游人破坏其原始的自然生态景观，在全县境内开展“退耕还林”工程，从2002年到2006年底，全县共计完成退耕工程13.15万亩，占湖北省政府下达计划13.1万亩的100.4%。再次是对城区的温泉资源进行了保护性开发，既很好地利用了资源又能减小其对周围环境资源的破坏。另外，对城区的工业污染和生活污水进行了处理后再排入河流，为此以规划修建污水处理厂一座，近期处理规模2万立方米/日。但大气污染问题到目前为止没有很好的防治。

三　环境保护原则与措施

(一)英山环境保护原则

基于中国环境保护基本原则，结合英山县存在许多原始林地的特殊情况，英山县生态环境保护应遵循以下原则：一是坚持生态环境保护与生态环境建设并举；二是坚持污染防治与生态环境保护并重；三是坚持统筹兼顾，综合决策，合理开发，正确处理资源开发与环境保护的关系，坚持在保护中开发，在开发中保护；四是坚持谁开发谁保护，谁破坏谁恢复，谁使用谁付费制度；五是重点加强对森林资源和水资源(特别温泉泉水)保护的力度。

(二)英山环境保护措施

1. 建立全县风景区环境保护网络系统

风景区环境战略保护点——以全县三大旅游区和两条风景旅游带为重点保护核心区，其他几处风景区为一般保护核心区，它们共同构成风景区战略保护点；

景观廊道——以东河、西河流域为景观廊道；

生态景观基地——在全县生态景观区中选出景观代表性和集合度较高的区域作为生态景观基地，即吴家山森林公园和桃花冲森林公园作为两大生态景观基地。

由风景区环境战略保护点、景观廊道和生态景观基地共同形成交织贯通的风景区环境保护网络系统，此系统将具有较强的抗干扰性，形成相对稳定的生态环境安全格局。规划对其进行整体监控、保护，逐年投入资金，重点进行保护系统网络建设。

2. 对全县风景区进行分类、分级保护

按生态特点和景观类型差异，将全县风景区划分为6种景观类型(具体包括森林生态景观、江河洲岛生态景观类、动植物保护群落类、奇景奇迹类、历史遗迹类、民俗风物类)，实施分类保护，每一类型制定相应保护措施。

规划原则上将“潜在型”国家重点风景区定为一级重点保护区，省级风景区定为二级保护区，地市级风景区定为三级保护区。同时结合全县旅游区总体规划，进行必要调整，自然生态环境保护要求高的省、市级风景区相应提高保护级别。规划突出重点，对三个级别的保护区制定相应保护对策。

3. 实施景区生态环境保护控制性管理

根据景区旅游产品类型、预测的游客规模及游览方式，研究确定景区生态环境容量，将旅游开发控制在生态系统承受能力范围内。

景区在环境影响评价的基础上，依据景区规划环境标准，制定具体污染物控制计划和处理措施。

各地环境保护部门会同旅游开发管理部门，划定景区各类生态环境保护分区，制订分区生态环境保护控制性规则。

4. 利用“绿色”能源，提倡“绿色”生产和生活

景区内提倡“绿色”消费新时尚，消除“白色”垃圾污染，由“绿色”消费引导“绿色”生产，进而打造流域“绿色”旅游氛围。尽量做到景区内交通工具无烟化、娱乐设施动力“绿色化”。鼓励社区居民建沼气池，实施农村“绿色”节能工程。同时英山县境内丰富的电力资源，也为旅游区实施“绿色”能源工程提供了有利条件。

5. 注重环境卫生状况改善

将环境卫生设施建设纳入景区(景点)景观建设内容，设置美观大方、洁净实用、与环境相协调的垃圾容器、厕所、盥洗室等。同时在旅游中心城镇和游客集散地，树立环境卫生新风尚，将改善环境卫生条件作为提高社区居民生活质量的一面旗帜，宣传环境卫生公共道德规范。

主要参考文献

[1]杨伦、刘少峰、王家生编著:《普通地质学简明教程》,中国地质大学出版社 1998 年版。

[2]宋春青、张振春编著,《地质学基础》,高等教育出版社 1989 年版。

[3]潘树荣、伍光和、陈传康等:《自然地理学》,高等教育出版社 1985 年第 2 版。

[4]叶俊林、黄定华、张俊霞编:《地质学概论》,地质出版社 1996 年版。

[5]李博主编:《生态学》,高等教育出版社 2000 年版。

[6]辛建荣著:《旅游地学原理》,中国地质大学出版社 2006 年 9 月。

[7]杨世瑜、吴志亮编著,《旅游地质学》,南开大学出版社 2006 年版。

[8]金祖孟、陈自悟编著:《地球概论》,高等教育出版社 1997 年版。

[9]毛汉英著:《人地系统与区域持续发展研究》,中国科学技术出版

社 1995 年版。

[10]北京大学中国持续发展研究中心编：《可持续发展之路》，北京大学出版社 1995 年版。

[11]中国社会科学院研究生院城乡建设经济系编：《城市经济学》，经济科学出版社 1999 年版。

[12]马勇，李玺编著：《旅游规划与开发》，高等教育出版社 2002 年版。

[13]刘南威主编：《自然地理学》，科学出版社 2000 年版。

[14]林爱文主编：《自然地理学》，武汉大学出版社 2008 年版。

[15]李伟、杨世瑜著：《旅游地质文化论纲》，冶金工业出版社 2008 年版。

[16]程道品编著：《生态旅游开发模式及案例》，化学工业出版社 2006 年版。

[17]余华、王丽华编著：《旅游规划学》，东北财经大学出版社 2005 年版。

[18] 湖北省林业厅等编：《湖北省重点保护野生动物图谱》，湖北科学技术出版社 1996 年版。

[19]吕贻峰、李江风主编：《国土资源学》，中国地质大学出版社 2001 年版。

[20]崔卫华编著：《旅游投资项目与评价》，东北财经大学出版社 2003 年版。

[21]邹统钎：《旅游开发与规划》，广东旅游出版社 2001 年版。

[22]索书田、桑隆康等著：《大别山前寒武纪变质地体岩石学与构造学》，中国地质大学出版社 1993 年版。

[23]湖北省农业区划委员会办公室编：《湖北山区县情》，西安地图出版社 1989 年版。

[24]湖北省地质矿产局编：《中华人民共和国地质矿产部地质专报——湖北省区域地质志》，地质出版社 1990 年版。

[25]黎德武著：《湖北省地理志·动物》，湖北人民出版社 1999 年版。

[26]胡鸿兴、万辉著：《湖北鸟兽多样性及保护研究》，武汉大学出版社 1995 年版。

[27]薛慕、王克勤著：《湖北省常用动物药》，华中师范大学出版社1991年版。

[28]钱易、唐孝炎著：《环境保护与可持续发展》，高等教育出版社2000年版。

[29]王国新、唐代剑主编：《旅游资源开发及管理》，东北财经大学出版社2007年版。

[30]戴星翼著：《走向绿色的发展》，复旦大学出版社1998年版。

[31]国土资源部规划司、国土资源部土地整理中心编：《土地开发整理规划实例》，地质出版社2001年版。

[32]姚士谋、帅江平著：《城市用地与城市生长——以东南沿海城市扩展为例》，中国科学技术大学出版社1995年版。

[33]傅书遐主编：《湖北植物志》，湖北科学技术出版社2004年版。

[34]郑重编著：《湖北植物大全》，武汉大学出版社1993年版。

[35] M. EI Wartitietc.，Geosites Inventory of the Northwestern Tabular Middle Atlas of Morocco，*Environ GeolDOL* 10.1007/S.

[36]R. Bartley and I. Rutherfurd，"Measuring the Reach－Scale Geomorphic Diversity of Streams：Application to a Stream Disturbed by a Sediment slug"，*River Res. Applic.* 21：39—59 (2005).

[37] R. D. Schuiling，*Geochemical Engineering：Taking Stock*，*Journal of Geochemical Exploration* 62(1998).

[38] Alessandro Chelli，Giuseppe Mandrone，Giovanni Truffelli，Field Investigations and Monitoring as Tools for Modelling the Rossena Castle Landslide (Northern Appennones，Italy)，Landslides(2006).

[39] Ana Maria Zavatticri，Ulrich Rosenfeld，Wolfgang Volkheimer，Palynofacies Analysis and Sedimentary Environment of Early Jurassic Coastal Sediments at the Southern Border of the Neuquen Basin，Argentina，Journal of South American Earth Sciences 25 (2008).

[40]Wolfgan Eder.，Unesco Geoparks－A New Initiative for Pro-

tection and Sustainable Development of the Earth's Heritage. n. Jb. Geol. Paliont. Abb. Nov. 1999..

[41] Murray Gray, Geodiversity: Valuing and Conserving Abiotic Nature, John Wiley & Sons, Ltd, 2004.

[42] H. & Larwood, J. G., "Natural Foundations: Geodiversity for People, Places and Nature", English Nature 2006.

[43]Malcolm. D. Newson and Andrew R. G., "Large, Natural River, Hydromorphological Quality and River Restoration: a Challenging New Agends for Applied Fluvial Geomorphology", *Earth Surface Processes and Landforms* 31, 1606—1624 (2006).

[44]Winfred Musila etc., Is Geodiversity Correlated To Biodiversity? A Case Study of the Relationship Between Spatial Heterogeneity of Soil Resources and Tree Diversity in a Western Kenyan Rainforest, B. A. Huber et al. (eds), African Biodiversity.

[45] Judith L, etc. Enhanced Soil and Leaf Nutrient Status of a Western Australian Banksia Woodland Community Invaded by Whrharta Calycina and Pelargonium Capitatum, Plant Soil (2006).

[46] 谭伟福:《广西生物多样性评价及保护研究》,《贵州科学》2005 年第 2 期。

[47]俞筱押等:《云南石林喀斯特小生境木本植物多样性特征》,《山地学报》2007 年第 7 期。

[48]赵鹏大,张寿庭,陈建平:《危机矿山可接替资源预测评价若干问题探讨》,《成都理工大学学报》(自然科学版)2004 年第 4 期。

[49]张寿庭,赵鹏大,夏庆霖,孙华山,李满根:《区域多目标矿产预测评价理论与实践探讨——以滇西北喜马拉雅期富碱斑岩相关矿产为例》,《地学前缘》2007 年第 9 期。

[50]王嘉学、彭秀芬、杨世瑜:《三江并流世界自然遗产地旅游资源及其环境脆弱性分析》,《云南师范大学学报》2005 年第 7 期。

[51]杨国良:《华中区自然景观分类研究》,《四川师范学院学报》(自然科学版)1999 年第 3 期。

[52]卓玛措：《人地关系协调理论与区域开发》，《青海师范大学学报》(哲学社会科学版)2005 年第 6 期。
[53]阎军印、李彩华、栾文楼等：《区域矿产资源竞争力评价模型构建》，《石家庄经济学院学报》2008 年第 3 期。
[54]陈涛：《灰色多层次综合评价模型建立及应用》，《大庆师范学院学报》2008 年第 9 期。
[55]刘洪、张宏斌：《江苏省矿山地质环境质量的模糊评价》，载《中国地质灾害与防治学报》2007 年第 4 期。
[56]陈伟伯，任秀芳，李腾龙：《模糊评价法在国家奖助学金评定工作中的应用》，《人才培养》2007 年第 6 期。
[57]刘宝忠：《模糊评价数学模型在道路交通安全管理评价中的应用》，《科学与管理》2008 年第 4 期。
[58]熊继红：《关于国家地质公园可持续发展对策研究》，《国土与自然资源研究》2009 年第 1 期。
[59]陈长明：《国土整治中矿产规划编制之浅议》，《国土与自然资源研究》1992 年第 2 期。
[60]牟忠林、舒静：《生态平衡——人类健康的基础》，载《永远的红树林，中国生态前沿报告》第四部分：优秀论文集，2005 年。
[61]王恩涌：《人地关系"思想——从"环境决定论"到"和谐"的思考》，《北京大学学报》(社会科学版)1991 年第 3 期。
[62]复仁：《对我省"十五"期间地质矿产规划研究的几点建议》，《国土论坛》2010 年第 5 期。
[63]万艳华：《市场经济条件下城市土地利用的新观念》，《武汉城市建设学院学报》1998 年第 6 期。
[64]赵宗溥：《试论陆内型造山作用——以秦岭—大别山造山带为例》，《地质科学》1995 年第 1 期。
[65]杨智、喻长友：《湖北大别山(黄冈)省级地质公园》，《资源环境与工程》2007 年第 5 期。
[66]徐树桐、吴维平等：《大别山的变质碰撞混杂岩——以东部为例》，《地质力学学报》2008 年第 1 期。
[67]熊继红、张新：《论中部五省区域旅游合作现实基础和基本途径》，《商场现代化》，2007 年，总 500 期。

[68]马宝林：《桐柏山—大别山的地体的构造演化和构造特征》，《地震地质》1991 年第 1 期。
[69]方元平、蔡三元等：《鄂东大别山区生物多样性及其保护对策》，《安徽农业科学》2007 年第 1 期。
[70]王映明：《湖北大别山植被》，《武汉植物学研究》1989 年第 1 期。
[71]陶光复：《湖北省大别山植物区系的初步分析》，《武汉植物学研究》1983 年第 1 期。
[72]方元平、蔡三元、项俊：《鄂东大别山生物多样性研究》，《华东师范大学学报》(自然科学版)2007 年第 2 期。
[73]文朵：《系统科学理论与我国开发区的发展》，《中国高新区》2006 年第 2 期。
[74]孙九林：《地球系统科学理论与实践》，《地理教育》2006 年第 1 期。
[75]王光美等：《迅速成长的大都市的生物多样性的保护——以北京市的植物多样性为例》，Biodivers Conserv(2007)。
[76]刘鹏、吴国芳：《大别山植物区系的特点和森林植被的研究》，《华东师范大学学报》(自然科学版)1994 年第 1 期。
[77]戴宗兴、张铭、康中汉：《湖北两栖动物的区系研究》，《华中师范大学学报》(自然科学版)1995 年第 4 期。
[78]蔡三元：《湖北省两栖动物区系与地理区系》，《四川动物》1995 年第 1 期。
[79]戴宗兴、杨其仁、张如松等：《湖北爬行动物的区系研究》，《华中师范大学学报》(自然科学版)1996 年第 1 期。
[80]黎德武、江礼荣、何定富：《鄂东北鸟类区系的初步调查》，《华中师范学院学报》(自然科学版)1978 年第 1 期。
[81]杨其仁、张铭、戴宗兴等：《湖北兽类物种多样性研究》，《华中师范大学学报》(自然科学版)1998 年第 3 期。
[82]钟玉林、郑哲民：《湖北大别山蝗虫区系研究》，《华中师范大学学报》(自然科学版)，2001 年第 4 期。
[83]黎德武：《湖北省药用脊椎动物的研究》，《华中师范学院学报》(自然科版)1983 年第 5 期。
[84]余国营：《豫南大别山区水土流失现状和防治对策》，《水土保持

通报》1990 年第 5 期。
[85]黄润等：《皖西大别山北坡水土流失与生态修复》，《水土保持通报》2004 年第 6 期。
[86]蒲勇平：《长江流域生态修复工程的意义及对策》，《水土保持通报》2002 年第 5 期。
[87]聂瑞林：《晋中太行山区生态修复模式及其相关指标研究》，《中国水土保持》2007 年第 10 期。
[88]李双应、岳书仓：《安徽省国家地质公园建设策略浅析》，《合肥工业大学学报》(社会科学版)，2002 年第 2 期。
[89]张晶：《地质公园建设中地质多样性保护与协调性利用研究》，中国地质大学硕士学位论文，2007 年第 5 期。
[90] 杨昌明、田家华：《矿产资源与湖北经济》，http：//www.e21.cn/zhuanti/sjlt/019.html。
[91]www.nre.cn，中国自然保护区网。
[92] www.hgdaily.com，中国黄冈网。
[93] www.cgs.gov.cn，中国地质调查局网站。